Die elementare

Physik des Aethers

(Kraft und Masse).

Von

RUDOLF MEWES

Ingenieur und Physiker.

I. Teil.

BERLIN 1896.

Fischer's technologischer Verlag, **M. Krayn**

W., Köthener Strasse 46.

Meinem lieben Freunde

Fritz Köppen

zur freundlichen Erinnerung gewidmet.

Der Verfasser.

Vorwort.

Fast jedes Buch, und so auch das vorliegende, hat eine mehr oder weniger bemerkenswerthe Vorgeschichte, da es selbst in wichtigen Fällen oft Jahre lang dauert, ehe ein Forscher die Früchte seiner Geistesarbeit zu veröffentlichen vermag. Hierfür kann man als das berühmteste Beispiel, das wohl einzig in seiner Art dastehen dürfte, die „Mechanik der Wärme“ Robert Mayer's, des genialen Begründers der modernen Physik, mit vollstem Recht anführen; denn obschon die erste grundlegende Abhandlung desselben bereits 1842 in Liebig's Annalen erschienen war und das von ihm aufgefundene Gesetz von der Erhaltung der Kraft von seinen Nachentdeckern bereits Jahre lang in mathematischen Formeln und immer wieder umgemodelten Experimentaluntersuchungen breitgetreten worden war, so vermochte Mayer gleichwohl infolge der feindlichen Coterieneinflüsse nicht einmal für eine Gesammtausgabe seiner Original-Abhandlungen einen Verleger zu finden, geschweige denn sich öffentliche Anerkennung und Würdigung seiner Verdienste zu erringen. Wie schwer es überhaupt hält, für neue Forschungsergebnisse, die die Kreise der Tagesgelehrten stören, einen Verleger zu finden, beweisen zur Genüge die Schwierigkeiten, welche Dühring bei der Herausgabe seiner epochemachenden Werke auf philosophischem, nationalökonomischen und physikalisch-mathematischem Gebiete zu überwinden gehabt hat. Man braucht darüber nur sein Werk „Sache, Leben und Feinde“ nachzulesen; man wird daraus ein richtiges Bild von den Hindernissen erhalten, welche einem jungen Schriftsteller, der es ehrlich mit der Wissenschaft meint, beim Beginn seiner Schriftstellerlaufbahn entgegenstehen. Die Ursache hierfür liegt meines Erachtens hauptsächlich darin, dass die Inhaber der grossen Verlagsfirmen selbst nicht genug Fachmänner sind, um den Werth oder Unwerth einer wissenschaftlichen Arbeit beurtheilen zu können und daher vor der Annahme eines Werkes zum Verlag das Gutachten der Universitätsprofessoren einzuholen pflegen, die, wie ihnen ja vom menschlichen Standpunkte aus kaum zu verargen ist, nur in ihrem Sinne verfasste Arbeiten zu empfehlen in der Lage sind. Daher erklärt es sich auch, dass gerade die epochemachendsten Abhandlungen, wie diejenigen Mayer's und die Werke Dühring's, meistens gegen den Willen der gerade tonangebenden wissenschaftlichen Autoritäten verlegt, bezüglich gedruckt werden und dies in der Regel persönlichen Beziehungen oder sonstigen zufälligen, günstigeren Umständen zu danken haben. In ähnlicher Weise verhält es sich auch mit dem Erscheinen des vorliegenden Buches, und da dessen Vorgeschichte in manchen Beziehungen interessant und lehrreich ist, so will ich dieselbe, namentlich auch zur Charakterisirung der überwundenen Schwierigkeiten, hier folgen lassen.

Die einzelnen Theile dieser Schrift sind bereits in kleineren Abhandlungen seit dem Jahre 1885 bis 1889 in der Zeitschrift des hiesigen Luftschifffahrtsvereins veröffentlicht worden, da der Verfasser zu dem damaligen Vorsitzenden des Vereins und gleichzeitigen Redacteur der Vereinszeitschrift, Herrn Dr. phil. W. Angerstein, in guter persönlicher Beziehung stand. Dem freundlichen Entgegenkommen und Eintreten desselben für die Aufnahme meiner Arbeiten habe ich es vor allen Dingen zu danken, dass, abgesehen von den ersten Originalarbeiten über die Atom- und Molekülvolumina und die Gravitation, namentlich die letzten Aufsätze über die elektrische Wellenlehre in die Jahrgänge 1888/89 der Zeitschrift aufgenommen wurden, obschon sich bereits im Verein eine feindliche Strömung gegen die Aufnahme dieser Artikel bemerkbar gemacht hatte. Es gereicht mir daher zur grossen Freude, an dieser Stelle Herrn Dr. Angerstein für das mir bewiesene Wohlwollen und die Förderung meiner wissenschaftlichen Bestrebungen meinen aufrichtigen Dank aussprechen zu können. Ebenso bin ich dem Redacteur der Rundschau „Neuzeit" (Immaterialgüter), Herrn Dr. jur. utr. A. Klein, für die Aufnahme meines in der „Physikalischen Gesellschaft" zu Berlin gehaltenen Vortrages über „die Absorption und Emission der Aetherwellen" (Kap. I. in diesem Buche) zu hohem Danke verpflichtet; denn es dürfte mir, da Herr Dr. Angerstein die Redaction der oben erwähnten Zeitschrift abgegeben hat, nach den Erfahrungen, welche ich gerade mit diesem Vortrage gemacht habe, sehr schwer, wenn nicht gerade unmöglich geworden sein, denselben in einer anderen mit den Professorenkreisen in engerer Fühlung stehenden Zeitschrift zu veröffentlichen. Nachstehende Erklärung des Sachverhalts dürfte dies als höchst wahrscheinlich erscheinen lassen.

Die leider zu kurz bemessenen, aber zutreffenden Anmerkungen, welche Herr Professor Dr. Preyer den von ihm herausgegebenen Briefen Mayer's und Griesinger's angefügt hat, brachten mich nämlich auf den Gedanken, dass Preyer die rechte Persönlichkeit sei, welche meinen wissenschaftlichen Bestrebungen Interesse und ohne irgend eine Voreingenommenheit auch Förderung entgegen bringen werde. Ich beschloss daher, trotz jeglichen Mangels an Empfehlungen und Beziehungen gleichwohl sofort an denselben in diesem Sinne zu schreiben. Ich erhielt umgehend günstigen Bescheid und begab mich infolgedessen zu Preyer's Privatwohnung behufs mündlicher Besprechung.

Ich werde die wenigen Stunden, welche ich an diesem Tage und später mit Preyer über meine Forschungen sowohl als auch über andere damit in enger Beziehung stehende wissenschaftliche Fragen frei und offen sprechen konnte, zu den schönsten Erinnerungen meines Lebens rechnen; denn ich fand in Preyer nicht nur einen vornehmen Charakter, sondern auch einen Forscher von seltener Offenherzigkeit und Wahrhaftigkeit, beides verbunden mit ausgeprägtem Gerechtigkeitssinn und idealer Denkweise.

Das Resultat der Unterredung war ein über alle Erwartung günstiges; denn Herr Professor Preyer rieth mir, über meine Forschungsergebnisse einen Vortrag in der Physikalischen Gesellschaft zu halten und mich deswegen zunächst an Herrn Professor Dr. König zu wenden; derselbe empfing mich mit gleicher Liebenswürdigkeit und rieth mir, zu der an demselben Abend (21. März 1892) stattfindenden Sitzung der Gesellschaft zu kommen und dort Herrn Professor Kundt, dem 2. Vorsitzenden derselben, meine Bitte vorzutragen, da derselbe darüber zu entscheiden habe. Da Preyer unter Vorbehalt gegen eine etwaige Subreptio die Tragweite der von mir aufgestellten Gesetze voll und ganz anerkannte. so gestattete mir derselbe, bei meinen Bemühungen um einen Vortrag in der Physikalischen Gesellschaft mich in der Weise auf ihn zu beziehen, dass meine Arbeit ungewöhnlich, ja sogar sehr, sehr ungewöhnlich wäre. Auf Grund dieser von Herrn Professor Kundt vielleicht missverstandenen Empfehlung erhielt ich die Erlaubniss, am 25. März in der Physikalischen Gesellschaft als Gast einen Vortrag über „die Absorption und Emission der Aetherwellen" zu halten, obgleich ich bereits in einer früheren mündlichen Rücksprache über meine Forschungen mit Kundt in einen gewissen Widerstreit gerathen war. In derselben hatte Kundt, obschon er anfangs bezüglich meiner Arbeiten gesagt hatte: „Das ist ja Alles Unsinn!", infolge der Discussion sich zunächst zu einem kleinen und schliesslich zu folgendem wörtlichen Zugeständniss genöthigt gesehen: „Auf diesem Gebiete bin ich ihren Speculationen zu folgen nicht im Stande!", worauf ich mich mit den Worten: „Ich danke Ihnen, Herr Professor!" empfahl. Uebrigens hat derselbe mir bei der Meldung zum Vortrag nochmals bemerkt, dass meine Theorien physikalisch unhaltbar wären, meine Entgegnung aber mit den Worten: „Das ist Ansichtssache" abgeschnitten. Der Vortrag wurde von mir am 25. März vor einer ausserordentlich zahlreich besuchten Versammlung gehalten. Zum Schluss desselben unterbrach mich jedoch der Vorsitzende, weil die Form oder der Inhalt — was von beiden ist mir nicht ganz klar geworden — dem alten Usus allzusehr widerspräche, und liess daher die Gesellschaft darüber abstimmen, ob dieselbe den Vortrag zu Ende hören wolle oder nicht. Von der ganzen Gesellschaft stimmten, soviel ich bemerken konnte, nur zwei Herren für das Abbrechen desselben,

d. h. also zur Rückkehr zum alten Kurs. Hierauf erhielt ich wieder das Wort zur Beendigung des Vortrages. Infolge meiner erklärlichen Erregung über diesen eigenartigen Zwischenfall brach ich natürlich sofort meinen Vortrag ab und las nur noch den Schluss vor, um meinerseits keine Taktlosigkeit der Gesellschaft gegenüber zu begehen. Zu einer eigentlichen Discussion, welche nunmehr der Vorsitzende durch Richtigstellung einer historischen Bemerkung über Herrn Professor Hertz — derselbe habe überhaupt nicht von elektrischen Wellen (Schwingungen) gesprochen — einleitete, kam es gar nicht, da keiner der anwesenden Physiker Widerspruch erhob und zwar, wie ich später erfahren habe, weil dieselben mich zum grossen Theile nicht verstanden hatten. In einem Referat, das ich in der „National-Zeitung“ am 27. März erscheinen liess, constatirte ich die Thatsache, dass sich in der Discussion kein Widerspruch erhoben hat. In Bezug hierauf und als Antwort auf meine Bitte um Veröffentlichung meines Vortrages in dem Vereinsorgane schrieb mir Kundt am 1. April d. J. folgenden Brief:

„Geehrter Herr!

Auf Ihr Schreiben vom 27. d. M. erwidere ich, dass ich Ihnen bereits am 25. März vor der Sitzung bemerkte, dass Sie als Gast keinerlei Anwartschaft auf Publication Ihres Vortrages durch die Physikalische Gesellschaft hätten.

Würde der Vorstand der Gesellschaft vorher Einsicht in das Manuskript Ihres Vortrages haben nehmen können, so hätte derselbe auf den Vortrag verzichtet; nach Anhörung desselben ist er nicht in der Lage, ihn in irgend einer Form in die Publicationen der Gesellschaft aufzunehmen.

Ich bemerke ferner, dass in dem Referat über die Sitzung der Physikalischen Gesellschaft vom 25. März in der Nationalzeitung vom 27., welches zweifellos von Ihnen herrührt, da Sie ein ganz ähnliches an Herrn Professor Koenig sandten, sich eine Bemerkung befindet, gegen die ich als Vorsitzender der Gesellschaft Verwahrung einlegen muss. Es heisst dort: „In der Discussion erhob sich kein Widerspruch etc.“

Sie wollen hiermit anscheinend andeuten, dass die Gesellschaft mit dem Inhalt Ihres Vortrages einverstanden sei. Ich bemerke dazu, dass eine Discussion überhaupt nicht stattgefunden hat, und zwar zweifellos deshalb nicht, weil alle Anwesenden es für zwecklos hielten, mit Ihnen in eine Discussion einzutreten.

Sollten Sie etwa in anderen Zeitschriften oder Journalen aus der Thatsache, dass sich an Ihren Vortrag in der Physikalischen Gesellschaft keine Discussion knüpfte, die Folgerung ziehen, dass die Gesellschaft den von Ihnen entwickelten Anschauungen beipflichte, so würde ich mich genöthigt sehen, öffentlich Protest gegen diese Unterstellung zu erheben.

Ich bitte dies mein Schreiben zugleich als Antwort auf den Brief zu betrachten, welchen Sie an den Schriftführer der Physikalischen Gesellschaft, Herrn Professor Koenig richteten.

Achtungsvoll

A. Kundt,

2. Vorsitzender der Physikalischen Gesellschaft zu Berlin."

Ich bemerke zu diesem Briefe meinerseits nur, dass ich aus dem Stillschweigen der Gesellschaft keineswegs auf deren Beifall habe schliessen wollen und von Anfang an bereits absolut nicht auf Anerkennung und Beistimmung bei derselben gerechnet habe, da ich sehr wohl wusste und weiss, dass eine der Mayer-Dühring'schen Forschung innig verwandte Methode daselbst kaum Sympathie zu erwarten habe. Im Gegentheil war ich sogar auf lebhaften Widerspruch gefasst und daher höchst überrascht, dass aus dem kritischten Publicum Berlins kein einziger Forscher sich zu einer das Wesen der Sache betreffenden Aeusserung bemüssigt fühlte. Vorstehende Bemerkung, welche ich Herrn Kundt als Antwort auf seinen Brief vom 1. April zu betrachten bitte, dürfte die eventuell von ihm beabsichtigte Verwahrung unnöthig machen.

Uebrigens steht Kundt mit seiner Ansicht über meine Forschungsergebnisse durchaus nicht allein da; denn ein bekannter, jetzt verstorbener Berliner Elektrotechniker hat sich bereits vor mehreren Jahren über den Inhalt des 5. Kapitels dieses Buches in ähnlicher Weise ohne Angabe von Gründen absprechend ausgesprochen. Ich entgegnete darauf in der Luftschifffahrtszeitschrift Folgendes:

„Meine Lösung stimmt ja mit den Aether- oder Atomstosstheorien dem Kerne nach überein, von denen sie sich nur dadurch unterscheidet, dass sie consequent Bezug nimmt auf die physikalisch-mechanische Wirkung der Wärme, wie diese durch Crookes experimentell glänzend nachgewiesen ist. Der von mir gemachte Erklärungsversuch der allgemeinen Massenanziehung kann ja vielleicht auf einem Irrthum beruhen, und ich werde, sobald mir dies durch klare, sachliche Gründe nachgewiesen wird, sofort bereit sein, meinen Irrthum einzugestehen, niemals jedoch apodictischen Erklärungen, dass die gelieferte Lösung absurd sei — um nicht einen schlimmeren Ausdruck zu gebrauchen, irgend ein Gewicht einräumen, am allerwenigsten aber, wenn dieselben ohne Gründe abgegeben werden. Ich habe den Muth meiner persönlichen Ueberzeugnng und hege andererseits auch das Vertrauen, dass jeder Kritiker, der irgend eine wissenschaftliche Arbeit beurtheilt, sich moralisch verpflichtet fühlt, nicht nur für zustimmende, sondern in noch viel höherem Maasse für absprechende Urtheile vollwichtige Gründe anzuführen. Fast in allen Fällen, wo ein Kritiker dieser Anstandspflicht nicht genügt, kann man demselben mit Fug und Recht die Worte des Marcellus im Hamlet zurufen: „Etwas ist faul im Staate Dänemark". Statt im Sinne eines solchen

Kritikers, vorausgesetzt natürlich, dass derselbe keine Phantomarbeit geliefert hat, weise und gescheut zu sein, ziehe ich vor, mit Huyghens und den übrigen Forschern, welche eine mechanische Erklärung der Gravitationserscheinungen versucht haben, zu irren."

Indessen erhielt ich auch ermuthigende und anerkennende Aeusserungen über meine Arbeiten und zwar gerade von solchen Forschern, welche auf physikalisch-chemischem Gebiete als Autoritäten ersten Ranges anerkannt werden. So schrieb mir Herr Professor Dr. Lothar Meyer-Tübingen, der meine erste Arbeit infolge einer brieflichen Mittheilung in höchst liebenswürdiger Weise förderte, am 25. Januar 1885 Folgendes:

„Geehrter Herr!

Die in Ihrem werthen Schreiben vom 22. d. M. angeregte Frage ist für mich, wie Sie richtig voraussetzen, von grossem Interesse....

Der Gegenstand ist ohne Zweifel weiterer Bearbeitung zugänglich und bedürftig. Wollen Sie sich derselben widmen, so unternehmen Sie keine unfruchtbare Arbeit; ich möchte aber rathen, dass Sie sich die Literatur genau zu eigen machen. Sollten Ihnen weitere Angaben über dieselbe erwünscht und Ihnen in Ihrem jetzigen Aufenthaltsorte *) nicht zugänglich sein, so bin ich gern bereit, Ihnen mit Auskunft auszuhelfen.

Meine Bemühungen, aus der Reibung der Dämpfe die Molekularvolumina derselben in ähnlicher Weise aus ihrer Reibung abzuleiten, wie es mir aus der Reibung der Gase für diese gelang, sind bisher ziemlich erfolglos geblieben. Die Abweichungen vom Boyleschen Gesetze scheinen bessere Schlüsse zu gestatten. Es wäre mir sehr erwünscht, aus diesen die Anhaltspunkte für die richtige Interpretation meiner Transpirationsbeobachtungen zu erhalten.

Ihr ergebener

Lothar Meyer."

Ferner sind mir ermunternde, bezüglich anerkennende Aeusserungen betreffs meiner Arbeiten noch von verschiedenen anderen Forschern, wie beispielsweise von Herrn Professor Dr. Foerster und Herrn Professor Max Möller-Braunschweig geworden, auf dessen Arbeiten über die elektrischen Aetherwellen ich noch besonders einzugehen habe.

Mit Bezug auf meine „Erklärung der Gravitations-Erscheinungen aus rein mechanischen Principien" schreibt ferner Herr Graf Oscar Reichenbach in London in Heft 1 der Luftschiffahrtszeitschrift (1886, S. 153) Folgendes:

„Herr Rudolph Mewes führt in seinem Aufsatz — Erklärung der Gravitations-Erscheinungen aus rein mechanischen Principien" — das Newton'sche Gesetz an: „Alle Theile der Materie ziehen einander an mit einer Kraft, welche den anziehenden Massen direct, den Quadraten der Entfernung aber umgekehrt proportional ist," und bringt diesen

*) Es ist mein Heimathsort Mahlwinkel gemeint. D. Verf.

Satz mit Herrn E. Dühring's Gesetz über die functionelle Beziehung einer Kraft zu ihrer räumlichen Wirkungsgelegenheit als nothwendige Folge in Verbindung.

Es wird Mitglieder des Vereins und zumal Herrn Mewes vielleicht interessiren, dass dieses Gesetz in Bezug auf die einfache Schwerkraft bereits in einer 1844 in Charlottenburg bei Edgar Bauer erschienenen Schrift formulirt war: „Ist die Grenze des Körpers das Leere, findet also kein Zuwachs an Masse, an Kraft statt, so nimmt die Kraft des Körpers ab, wie die bei ihm concentrisch gedachten Oberflächen an Grösse zunehmen.“ Ebenso später in einer 1857 bei Thomas in Philadelphia erschienenen Schrift: „Das Atom als ein mit Kraft begabter Raum wirkt räumlich, das ist umgekehrt gemäss der Oberfläche, auf der die Kraft sich auszudehnen hat. Da die Fläche, wenn sphärisch genommen, mit der Entfernung vom Mittelpunkte zunimmt wie das Quadrat dieser Entfernung, nimmt die Kraft in demselben Maasse ab.“ Auf Seite 6 der Schrift: „The mechanical action of light by Dr. Crookes etc.“ von O. Reichenbach wird Herr Mewes dasselbe finden: „The effect of matter on matter will take place without „any mediation“ trough vacuum, the vacuum diminishing the effect as the surface increases, over which the effect spread.“

Hierzu ist schon um der historischen Vollständigkeit und der wissenschaftlichen Gerechtigkeit willen noch zu bemerken, dass bereits R. Mayer das räumliche Kraftbethätigungsgesetz, geleitet durch sein technisch geschultes Denken, nicht nur in der kosmischen Mechanik konsequent angewandt hat, sondern auch in der höchst originalen und bedeutenden Abhandlung „Die organische Bewegung in ihrem Zusammenhange mit dem Stoffwechsel. Ein Beitrag zur Naturkunde.“ sogar völlig zutreffend und zwar fast genau mit denselben Worten wie später Dühring in der 1. Folge seiner Grundgesetze der Physik und Chemie formulirt hat. Es heisst in der genannten Abhandlung Mayer's vom Jahre 1845 (Mechanik der Wärme, 2. Auflage S. 111): „Nach der in der Mechanik befolgten mathematischen Methode wird die physische Kraft als ein Produkt aus einem Druck oder Zug in den **Wirkungsraum** dargestellt. Es ist nun dieser Druck bei Gasen sowohl als bei Muskeln dem **Wirkungsraume umgekehrt proportional.**“ Dass Mayer unter dem Wirkungsraum einer Kraft nur den nicht von der Materie erfüllten und wirklich allein für die Kraftbethätigung verfügbaren Raum verstanden hat, beweisen die Ausführungen in seiner Dynamik des Himmels. Wunderbar ist und bleibt, dass Dühring, der seine diesbezüglichen Ideen im Todesjahre Mayer's 1878 veröffentlicht hat — Robert Mayer starb am 20. März 1878, Dühring's Schrift erschien im Mai 1878 —, nicht nur nicht auf diese Ideen Mayer's aufmerksam gemacht, sondern sogar im Gegentheil dessen Abneigung gegen die Behandlung der räumlichen Wirkungsform der Kraft hervorgehoben hat.

Nunmehr habe ich noch einen für mich peinlichen Punkt zu berühren. Es handelt sich hier um meinen Prioritätsanspruch Herrn Dr. E. Dühring gegenüber, dem ich ebenso wie Herrn Dr. Lothar Meyer den Inhalt meiner Arbeit über das Atom- und Melekülvolumen im Januar 1885 brieflich mitgetheilt habe. Als Antwort erhielt ich von demselben eine ironisch-sarkastische Postkarte folgenden Wortlautes:

„Anstatt die Frucht Ihrer Studien dem Organ für Luftschifffahrt, — würde ich Ihnen rathen, die Entdeckung lieber gleich direct den Herren Waals und Clausius zur Verfügung zu stellen, welche sich in demselben Gegenstande nach einer der Ihrigen ähnlichen Methode auf eine Ihrer Art nahezù gleiche Höhe erhoben haben. Sollte es Ihnen dort an Empfehlung fehlen, so kann Ihnen vielleicht diese Karte von mir als Einführungsdocument dienen. Ich würde Sie auch gern dem Professor Helmholtz in Berlin empfehlen, der bekanntlich über die meiste Judenreclame gebietet; aber obwohl er in der Methode auch Ihnen Aehnliches geleistet, so hat er doch, soviel mir bis jetzt bekannt, nicht gerade die fragliche Specialität cultivirt.

Zehlendorf, 31./1. 85. E. Dühring."

Ich antwortete sogleich darauf am 1. Februar 1885 Folgendes:

„Auf Ihre allzuliebenswürdige Karte vom 31. Januar 1885 theile ich Ihnen Folgendes ganz ergebenst mit. Auf eine Empfehlung Ihrerseits, welche der dem Professorsohne Held zu Theil gewordenen wie ein Ei dem andern gleicht, verzichte ich selbstverständlich, denn ich halte mich doch noch für zu gut dazu, eine ähnliche Rolle zu spielen. Aus diesem Grunde würde es mir daher sehr unangenehm sein, wenn Sie vielleicht bei Gelegenheit in solchem Sinne auf meinen Brief Bezug nehmen sollten. Unter diesen Umständen halte ich es natürlich für tactlos, von Ihrer Karte den angedeuteten Gebrauch als Einführungsdocument zu machen. Für Judenreclame danke ich; wenn ich Zeitungsreclame machen will, kann ich es mit Hilfe antisemitischer Zeitungen thun. Ich habe Ihnen offen und ehrlich geschrieben, Sie mir bündig geantwortet. Dass die Antwort nicht ganz nach meiner Erwartung ausgefallen, bedauere ich sehr. Sie werden es mir nicht verargen, wenn ich trotzdem wegen Ihrer Verdienste um die Wissenschaft meine im Briefe ausgesprochene Gesinnung gegen Sie nicht ändere. R. Mewes."

In der That bin ich trotz dieses kleinen Rencontres in meinen späteren Arbeiten, welche in den Jahrgängen 1886 bis 1889 in der Zeitschrift des Deutschen Vereins zur Förderung der Luftschifffahrt veröffentlicht sind, in sachlicher Hinsicht stets für Dühring eingetreten und habe dies auch in dem oben erwähnten Vortrage mit gleicher Consequenz gethan. Leider hat mir Dühring nicht in ganz gleichem Maasse Gerechtigkeit wiederfahren lassen, denn in seiner zweiten Folge der Grundgesetze vom Jahre 1886 bringt er den Hauptinhalt meiner im Jahre 1885 veröffentlichten und ihm bekannten

Arbeit über die Atom- und Molekülvolumina stellenweise sogar mit denselben Worten, ohne meine früher publicirten Ergebnisse auf diesem Gebiete auch nur zu erwähnen. Ich habe meine diesbezüglichen Prioritätsansprüche, als ich durch einen Zufall Kenntniss von seiner zweiten Folge und die Möglichkeit einer Reclamation erhalten hatte, auf folgende, die Sachlage richtig darlegende Weise gewahrt:

„Wahrung der Priorität gegen E. Dühring. In der 1886 veröffentlichten zweiten Folge der „Neuen Grundgesetze zur rationellen Physik und Chemie“ führt Herr Dühring auf S. 73 bis 75 zunächst die Ableitung des verbesserten Gesetzes Avogadros, sodann die Bestimmungsmethode der Molokül- und Atomvolumina auf Grund des von ihm aufgestellten Zwischenvolumengesetzes und des im ersten Kapitel dieser Schrift von seinem Sohne veröffentlichten Gesetzes der Partialvolumina an. Die beiden vorstehend angeführten Gesetze, das verbesserte Avogadro'sche und dasjenige über die Molekülvolumina, bezüglich das daraus sich ergebende der Partialvolumina, sind nothwendige Folgerungen der in der ersten Folge Dührings veröffentlichten Gedanken. Zur Sicherung der Priorität bemerke ich, dass diese Gesetze klar, wenn auch kurz von mir bereits im Jahre 1885 in der Zeitschrift des Deutschen Vereins zur Förderung der Luftschiffahrt (Jahrg. IV., H. 4 u. 5) in dem Aufsatze: „Zwei Bestimmungsmethoden der Atom- und Molekülvolumina“ veröffentlicht worden sind. Das Gesetz der Partialvolumina ist in jenem Aufsatze nicht formulirt, aber von mir der Bestimmungsmethode der Atomvolumina zu Grunde gelegt worden, so dass eine Ableitung desselben aus meinen dortigen Angaben keine grosse geistige Schärfe beanspruchte. Das verbesserte Avogadro'sche Gesetz ist zum Schlusse jener Arbeit von mir scharf formulirt worden.

An die vorstehende Reclamation meines geistigen Eigenthums möchte ich nun noch eine kurze, Dührings Verfahren charakterisirende Bemerkung anknüpfen. Ehe ich meinen eben erwähnten Aufsatz dem damaligen Redacteur der Zeitschrift, Herrn Dr. Angerstein, zur Veröffentlichung übersandte, habe ich den Inhalt dieses Aufsatzes Herrn Dr. E. Dühring brieflich mitgetheilt und ihn um seinen Rath betreffs der Veröffentlichung gebeten. In der Antwort wurde mir abgerathen, meine Forschungen in dem Organe des Vereins zur Förderung der Luftschiffahrt zu veröffentlichen. Dühring kannte also meine Resultate und wusste, wo dieselben zu finden waren. Gleichwohl hat derselbe, obgleich er selbst rücksichtlich des Eigenthumsrechts mir höchst sympathische strenge Grundsätze vertritt, in seiner später erschienenen zweiten Folge es nicht der Mühe für Werth gehalten, auf meine Vorwegnahme seiner Ergebnisse hinzuweisen. Wenn meine diesbezügliche Arbeit — ich war damals Student und stand kurz vor dem Staatsexamen — sich rücksichtlich der Form mit Dührings Arbeiten nicht messen kann, so sind darin von mir doch unstreitig die oben erwähnten physikalischen Beziehungen kurz formulirt worden. Ich kann und werde daher in diesem Falle unter keinen Umständen meinen Anspruch auf die Priorität aufgeben. Gleichzeitig möchte ich noch darauf hinweisen, dass Dühring gemäss dem Gedankengange der zweiten Folge seiner Grundgesetze in seiner dritten Folge meiner Ansicht nach den gedanklichen Inhalt der von mir in den Jahrgängen 1886 bis 1889 der Zeitschrift des Luftschifffahrtsvereins veröffentlichten physikalisch-chemischen Arbeiten bringen wird."

Diese Reclamation, welche in dem Jahrgang 1891 der soeben erwähnten Zeitschrift erschienen ist, habe ich unter Kreuzband an Dühring abgeschickt.

Ich würde jedoch ungerecht und undankbar gegen Dühring sein, wenn ich an dieser Stelle nicht offen anerkennen würde, dass das Studium von Dührings Mechanik und der ersten Folge der neuen Grundgesetze der Physik und Chemie sowie seine philosophischen Werke den hauptsächlichsten Einfluss auf meinen Bildungsgang und meine Denkweise ausgeübt und die Grundlage für meine selbstständigen physikalisch-chemischen Forschungen gebildet haben. Ich halte es daher, zumal da man ihm wegen der unterlassenen Bezugnahme auf meine Arbeit nach Obigem keinen herben Vorwurf machen kann, für meine unumgängliche Pflicht, gleichwohl an dieser Stelle ebenso, wie ich es bereits früher gethan habe, ihm volle Gerechtigkeit widerfahren zu lassen und seine universelle Bedeutung als selbstständiger und productiver Forscher und Denker gebührend hervorzuheben. Auch vom rein menschlichen Standpunkte aus muss man ihm trotz der ätzenden Schärfe, welche ihm in dem dreissigjährigen Kampfe um seine materielle und wissenschaftliche Existenz beinahe zur zweiten Natur geworden ist, dennoch wegen der Energie und Ausdauer, mit der er sich allen Machinationen zum Trotz behauptet hat, und wegen seiner bekannten Offenherzigkeit und seines stets auf das Grosse und Ideale gerichteten Strebens Bewunderung und Hochachtung zollen. Diese Grundzüge seines Wesens kann man durch nichts besser kennzeichnen, als durch die nachstehenden kernigen, mir höchst sympathischen Sätze aus dem elften Kapitel seines Hauptwerkes:

„Grosse Wahrheiten und bedeutende Menschen sind die beiden Angelpunkte, um die sich mein Ringen von Anfang an bemüht hat. Der Beweggrund war dabei von vornherein das reine Gefallen an der Wahrheit und an der Gerechtigkeit. Ueberdies gewann mir alles Hochsinnige eine Mitaction ab, der ich viele Opfer gebracht habe. Nur das Edle und Hochgemuthe hatte für mich Werth, und die Menschen und Dinge galten mir nur soviel, als sie daran Theil nahmen oder Theil hatten. Meine Verachtung des Schlechten war ebenso ernstlich und nachdrücklich, als mein Eintreten für das Bessere. Ich hielt es jeder Zeit und halte es für einen Raub am Guten, das Schlechte als besser gelten zu lassen und zu behandeln, als es ist. Ich kann die Energie im Für nicht von der im Gegen trennen und habe stets jeden Charakter verachtet, der durch Nachgiebigkeit oder Gleichgültigkeit gegen das Schlechte am Guten einen Verrath beging. Feigheit hat nicht blos in militairischen, sondern auch in wissenschaftlichen Angelegenheiten als strafwürdiges Verbrechen zu gelten, welches nicht blos vor der Front mit Schimpf und Schande zu ahnden, sondern auch mit materielleren Strafen zu vergelten ist.

Mächtige Wahrheiten lassen sich nie von mächtigen Menschen trennen. Grosse Einsichten reiften stets nur in bedeutenden Köpfen und ebenso sind gewaltige Gemüthskräfte nie einem schwachen Herzen entsprossen. Beides zusammen, nämlich die Vorzüglichkeit von Hirn und Herz, hat sich nur in den seltensten Naturen zu harmonischen Leistungen vereinigt....

Das Grosse und Hohe trägt das Ideal in sich selbst, das Gemeine — und dieses ist naturgemäss das durchschnittlich Wirkliche, — das Gemeine muss das Ideal ausser sich in dem haben, was darüber emporragt. Der wahre und lebendige Cultus ist der, welcher in der Verehrung hoher menschlicher Eigenschaften besteht."

Diese wenigen Sätze mögen hier zur Kennzeichnung der ihrem Kerne nach hochidealen und dabei doch praktischen Denk- und Sinnesweise Dührings genügen.

Doch nach dieser Abschweifung zurück zum eigentlichen Thema dieses Kapitels. Die verschiedenartigen Beurtheilungen, welche meine Forschungsresultate erfahren haben, lassen es mir als rathsam erscheinen, dieselben im Zusammenhange zu veröffentlichen, damit die wissenschaftliche Welt über den Werth oder Unwerth derselben sich ein Gesammturtheil bilden und die etwaigen Mängel oder Irrthümer mit dem Messer der auf sicheren Gründen sich stützenden Kritik beseitigen könne. Ich werde in der hierbei unvermeidlichen Discussion, die hoffentlich mit derselben Sachlichkeit und Objectivität, wie im Anfang dieses Jahrhunderts diejenige zwischen Berthollet und Prout, geführt werden wird, getreu meinem Confirmationsspruch:

„Ohne tapfern Streit und Krieg
Folget niemals rechter Sieg"

ausharren, aber klaren sachlichen Gründen gegenüber meinen etwaigen Irrthum einzugestehen sofort bereit sein.

Da ich von jeher Namenlosigkeiten gleich Dühring für unbedingt verwerflich, ja bei unbegründeten Angriffen auf die Person sogar für verächtlich gehalten habe und daher für meine grösseren Abhandlungen sowohl als auch für kleinere Zeitungsartikel stets mit voller Namensnennung eingetreten bin, so habe ich natürlich auch in dem vorliegenden, bedeutend wichtigeren Falle den Muth, mit meinem Namen für meine Arbeiten einzutreten. Ich unterzeichne daher jedes Exemplar mit Federzeichnung.

Inhalt.

I. Kapitel.

Ueber Absorption und Emission der Aetherschwingungen

(Vortrag in der Physikalischen Gesellschaft zu Berlin am 25. März 1892).

1. Die Entwickelung der Grundgesetze der Physik und Chemie.

Die wichtigsten Zweige der exacten Naturforschung, die Physik und Chemie, handeln von den Erscheinungen der Materie, sie lehren die mannigfaltigen Wirkungen derselben kennen; ihr Gegenstand ist also der Inbegriff aller wirkenden Materie oder, wie man treffend im Deutschen sagt, die Wirklichkeit. Die allgemeinsten Grundgesetze der Physik und Chemie müssen daher mit dem Wesen der Materie im Einklange stehen, d. h. sie müssen mit dem allgemeinen Wirkungsgesetze derselben identisch sein. Demnach müssen die Grundgesetze der Physik und Chemie erstens entsprechend dem causalen, raumzeitlichen Charakter der Materie nicht nur die *Unzerstörbarkeit* der wirksamen Kräfte aussprechen, sondern als Bewegungsgesetze der Materie auch *raumzeitlicher* Natur sein, d. h. nicht bloss die functionelle Beziehung der Naturkräfte zur räumlichen Wirkungsgelegenheit, sondern auch diejenige zur zeitlichen Bethätigungsmöglichkeit gleichzeitig zum Ausdruck bringen. Ebenso müssen zweitens die materiellen Träger dieser Kräfte unzerstörbar sein und zwar nicht nur rücksichtlich ihres *Gewichtes,* wie dies durch *Lavoisier* in der Chemie mittels der Wage in mustergiltiger Weise bewiesen worden ist, sondern auch rücksichtlich des Rauminhalts und der Gestalt der kleinsten materiellen Theile, wie dies in meiner Arbeit über das Atom- und Molekülvolumen vom Jahre 1885 experimentell nachgewiesen ist. Drittens müssen die Atome ihre sämmtlichen Grundeigenschaften unter allen Umständen qualitativ und quantitativ unverändert beibehalten, mögen sie sich miteinander vermischen oder auch zu chemischen Verbindungen oder zu grösseren Atomkonglomeraten vereinigen.

Die functionelle Beziehung der Kraft zu ihrer räumlichen Bethätigungsmöglichkeit ist mit Bezugnahme auf den ungeschmälerten Bestand der Kraft an jeder Stelle im Raume bereits von Herrn Dr. *Eugen Dühring* in der ersten Folge der neuen Grundgesetze der Physik und Chemie in allgemeingültiger Weise aufgestellt und sogar im Anschluss daran in einem speciellen Beispiele die Bedeutung der zeitlichen Bethätigungsmöglichkeit einer Kraft kurz berührt worden. Das räumliche Kraftbethätigungsgesetz lautet in der allgemeinsten Fassung: „Jede Kraft ist dem für ihre Bethätigung verfügbaren Raume umgekehrt proportional.“ Zu dem entsprechenden und von dem räumlichen principiell gar nicht zu trennenden zeitlichen Kraftbethätigungsgesetze: *„Die Schwächung einer Kraft ist dem Quadrate der für ihre Bethätigung verfügbaren Zeit umgekehrt proportional“*, oder, was dasselbe ist: *„Die Schwächung einer Kraft ist dem Quadrate der Geschwindigkeit, welche den sich anziehenden oder abstossenden Massen anderweitig ertheilt wird, direct proportional“*, gelangt jedoch *Dühring* nicht, obwohl dasselbe sehr nahe lag und von ihm wirklich gestreift wurde. Abgesehen davon, dass *Dühring* nicht auf das zeitliche Kraftbethätigungsgesetz näher eingeht, kann man die Erklärung der Naturerscheinungen auf Grund des räumlichen Kraftgesetzes nicht für rein mechanisch gelten lassen, denn dasselbe giebt absolut keine Aufklärung darüber, wie die räumliche Wirkung mechanisch vor sich geht. Es bleibt nämlich bei ihm völlig unbestimmt, ob eine räumlich, zeitlich und materiell unvermittelt in die Ferne wirkende Anziehungs- oder Abstossungskraft oder die Schwingungen der Aetheratome, bezüglich der Moleküle eine solche Kraftbethätigung bewirken. Die Aufstellungen *Dührings* sind deshalb keineswegs streng mechanisch zu nennen, da sie noch einem transscendentalen Kern in sich bergen, nämlich den noch nicht vollständig über Bord geworfenen Begriff der unvermittelten Fernewirkung. Seine bildlich mechanische Ausdrucksweise, dass der Raum eine Maschine sei, durch welche die Kraftbethätigung geregelt werde, ändert hieran gar nichts. Ausserdem fehlt bei ihm fast gänzlich die Erkenntniss, dass das Wesen der Materie in ihrer Raumzeitlichkeit beruht, dass deshalb die Gesetze ihres Wirkens nicht blosse Raum- oder blosse Zeitgesetze sein können, sondern raumzeitlicher Natur sein, d. h. auf in Raum- und Zeitelementen erfolgenden und dem Krafterhaltungsgesetze gehorchenden Schwingungen unveränderlicher Elementartheile beruhen müssen. Indessen hat sich diese rein mechanische Anschauung, welche aus den drei Grundgesetzen der Materie ohne Weiteres folgt, erst nach einer Jahrhunderte langen Entwickelung und nach langen und heftigen Kämpfen in der modernen Naturwissenschaft allgemeine Geltung und Anerkennung erringen können.

Die ersten erfolgreichen Schritte in dieser Richtung verdanken wir dem genialen und scharfsinnigen niederländischen Physiker und Mathematiker *Christian Huyghens.* Dieser hochbedeutende Forscher begründete nämlich nicht nur die Wellentheorie des Lichtes und legte dadurch den sicheren Grundstein für die wissenschaftliche Physik der Neuzeit, sondern streifte in seinen berühmten Untersuchungen über das Pendel bei der Frage, warum das herabschwingende Pendel wieder bis zur ursprünglichen Höhe aufsteigt, sogar das Gesetz von der Erhaltung der Kraft. Ferner hat *Huyghens* als der erste die allgemeine Massenanziehung aus der Stosswirkung der das Weltall nach allen Richtungen hin durchschwirrenden Aetheratome nach den Gesetzen der Mechanik zu erklären und so den immerhin noch zweifelhaften Begriff eines anziehenden Kraftcentrums auf die mechanisch verständliche Stosswirkung der Aetheratome zurückzuführen gesucht. Diese Erklärung scheint mir aus der Uebertragung der von ihm aufgefundenen Stossgesetze auf den seiner Vibrationstheorie des Lichtes zu Grunde liegenden Weltäther entstanden zu sein, wofür noch besonders der Umstand spricht, dass *Huyghens* die Lichtwellen nicht für transversale, sondern für longitudinale Schwingungen hielt. Hätte übrigens *Huyghens* bereits die mechanischen Wirkungen der strahlenden Wärme gekannt, so dürfte es ihm bei seinem Scharfsinne und seiner ganzen Denkweise nicht schwer gefallen sein, die Erklärung der allgemeinen Massenanziehung auf Grund der Wellentheorie in einfacher und völlig zufriedenstellender Weise zu geben. Allein zu seinen Zeiten kannte man solche mechanischen Wirkungen der Wärme überhaupt noch nicht, wie sie sich in den sogenannten Radiometerbewegungen offenbaren, ganz abgesehen davon, dass man damals über das Wesen der Wärme noch nicht aufgeklärt war und den Gedanken von der Einheit aller Naturkräfte noch nicht erfasst hatte. Gerade darin, dass *Huyghens* die Massenanziehung durch den Stoss der geradlinig bewegten Aetheratome herzuleiten suchte, liegt der allerdings nicht sehr erhebliche Fehler seiner Gravitationstheorie. Sieht man jedoch hiervon ab, so ist dieselbe ihrem inneren Kerne nach völlig richtig, da sie bis auf materielle Elementartheile und deren Bewegung in Raum- und Zeitelementen zurückgeht. Gerade hierin beruht die vorbildliche Bedeutung seiner Naturerkenntniss. Diese rein mechanische Auffassungsweise, welche in seiner genialen Erklärung des Lichtes so herrliche Früchte gezeitigt hat, hat sich indessen wegen der ausserordentlichen Schwierigkeiten, welche sie der mathematischen Formulirung darbietet, nur schwer und ganz allmählich Eingang und Geltung in den verschiedenen Gebieten der exacten Forschung verschaffen können, obschon das Wesen der Materie, wie nicht genug betont werden kann, mit Nothwendigkeit darauf führt; denn die Wellentheorie trägt in der That, da sie auf Raum- und Zeitelemente im Verein zurückgeht, dem raumzeitlichen Charakter der Wirklichkeit völlig Rechnung. Trotz ihrer inneren Berechtigung hat diese auf rein mechanischen Principien beruhende Naturerkenntniss mit den vor und mit und nach ihr bestehenden irrthümlichen Anschauungen einen langen und harten Kampf bestehen müssen, ehe ihr das Bürgerrecht in der Naturwissenschaft allseitig zuerkannt wurde.

Dies geschah erst im Anschluss an die mechanische Wärmetheorie, den wichtigsten Markstein der Physik, welchen unser genialer und berühmter Landsmann *Robert Mayer* im Jahre 1842 durch die Entdeckung des mechanischen Wärmeäquivalents gesetzt und seitdem durch weitere Ausbauung und tiefere Begründung des Krafterhaltungsgesetzes im Wetteifer mit anderen Forschern durch gediegene und originale Arbeiten fest und sicher fundamentirt hat; denn seitdem wurde die mechanische Denkweise in allen Zweigen und Gebieten des exacten Naturwissens zunächst die vorherrschende und schliesslich die alleinherrschende. *Mayer's* grosse, aus dem Wesen der Materie sich ergebende Wahrheit: „Die Kraft ist gleich der Materie unzerstörbar; nur ihre Bethätigungsform ist wandelbar!“ ist der Kern- und Schwerpunkt, um den das gesammte Naturerkennen der modernen Forscher sich dreht. Der von ihm dadurch von neuem angefachte Kampf gegen die Imponderabilien, den er mit dem Schlachtruf: „Es giebt keine immateriellen Materien!“ begann, wurde zunächst auf dem Gebiete der Wärmelehre mit solchem Glücke geführt, dass die glänzenden und herrlichen Erfolge, welche man auf diesem Felde im Laufe weniger Jahrzehnte errang, den besten und schönsten

Früchten, welche die Begründer unserer exacten Naturforschung, *Galilei* und *Huyghens*, durch ihre Wirksamkeit gezeitigt haben, würdig zur Seite gestellt werden können. Sodann übertrug sich derselbe fast gleichzeitig auch auf die bis jetzt freilich noch nicht völlig auf mechanische Grundlage gestellten Gebiete der Elektricität, der Gravitationslehre, der Chemie und endlich der Molekularphysik. Das Resultat aller dieser Bestrebungen ist die Verschmelzung sämmtlicher physikalischer Wissenszweige zu einem einzigen harmonischen Ganzen, der Nachweis der Einheit aller Naturkräfte und die Erklärung sämmtlicher Naturphänomene nach rein mechanischen Principien aus den der Materie von vornherein zukommenden Grundeigenschaften, aus Raum, Zeit und Kausalität, d. h. aus der Wellenbewegung unveränderlicher materieller Elementartheile.

Die wichtigsten Etappen dieser interessanten Entwickelungsphase der exacten Forschung werden durch die Sonderdisciplinen „Thermochemie", „Spectralanalyse" und „elektrische Wellenlehre" gekennzeichnet. Die Thermochemie hat in ihrer jetzigen Gestalt für die Principien der theoretischen Physik keinen wesentlichen Fortschritt geschaffen, da sie nur die Gesetze der mechanischen Wärmetheorie auf die chemischen Wärmeerscheinungen anwendet. Sie ist immer noch in den alten Vorstellungen befangen und sieht daher im Sinne der Chemiker älteren Schlages die chemischen Vorgänge als die Wirkungen der chemischen Verwandtschaft, der sogenannten Affinität, an.

Die bei den chemischen Verbindungs- oder Scheidungsvorgängen ent-, bezüglich gebundenen Wärmemengen erscheinen ihr demgemäss ebenso wie die dabei eintretenden Volumänderungen als das Resultat der wirksam gewordenen Affinität, d. h. einer nicht erklärbaren, transscendentalen Kraft, die wie ein deus ex machina die Leitung der Processe gleichsam hinter den Coulissen besorgt, da die mechanischen Principien ihren Dienst versagen. Und doch lassen sich die chemischen Processe auf Grund der neuen Wärmelehre auf ungezwungene und verständliche Weise erklären, wenn man nur muthig und entschlossen die ganze chemische Verwandtschaft alten Angedenkens über Bord wirft und dafür die chemischen Erscheinungen ausnahmslos als die Wirkungen der ausgestrahlten, bezüglich aufgenommenen Wärmewellen ansieht und — natürlich auch als solche in den einzelnen Fällen nachweist; denn dann sind die Phänomene dieses praktisch und theoretisch hochwichtigen Gebietes in ähnlicher Weise auf die Wärmeschwingungen zurückgeführt, wie diejenigen der Optik auf die Lichtwellen. Die solide Grundlage für eine solche mechanisch vertiefte Chemie bildet in erster Linie das von *G. Kirchhoff* im Jahre 1859 aufgestellte und für die Spektralanalyse so fruchtbar gemachte Gesetz, dass das Absorptions- und Emissionsvermögen für alle Körper bei gleicher Temperatur und Wellenlänge einander gleich sind. Die wissenschaftliche Bedeutung und Tragweite dieses schönen und fruchtbaren Gesetzes, das sich an Einfachheit und Klarheit dem Krafterhaltungsgesetze an die Seite stellen lässt, besteht also nicht allein darin, dass es die Chemie der strahlenden Materie und damit zugleich eine kosmische Physik ermöglicht hat, sondern nicht minder darin, dass man auf Grund desselben die Brücke zwischen der Chemie der strahlenden Materie und der Chemie der festen, flüssigen und gasförmigen Stoffe sowie auch zwischen den beiden Schwesterwissenschaften Chemie und Physik zu schlagen vermag.

Denn wenn man die in den Radiometern sich zeigenden mechanischen Wirkungen der absorbirten und wieder ausgestrahlten Aetherschwingungen qualitativ und quantitativ näher untersucht und namentlich auf deren räumliche und zeitliche Wirkungsform sein Augenmerk lenkt, so gelangt man zu dem Resultat, dass die allgemeinen Wirkungsgesetze der Anziehungs- und Abstossungskräfte sich auf die mechanisch verständliche Wirkung der Aetherschwingungen zurückführen und somit die physikalischen und chemischen Erscheinungen sich nach rein mechanischen Principien erklären lassen. Die Gesetze der Absorption und Emission müssen daher von der weittragendsten Bedeutung sein und in der Physik und Chemie eine centrale Stellung einnehmen.

Der Zweck der nachfolgenden Ausführungen soll es nun sein, diese Gesetze an der Hand der vorhandenen Beobachtungen in den wichtigsten Fällen zahlenmässig nachzuweisen. In den zu diesem Zwecke berechneten Zahlentabellen sind, damit die Richtigkeit der abgeleiteten Gesetze ohne weiteres aus den Werthen ersichtlich wird, die Beobachtungswerthe auf dieselbe Maasseinheit umgerechnet worden. Hierzu noch eine Bemerkung. Nur dann nämlich, wenn man in der Physik und Chemie in allen Zweigen ohne Ausnahme die einzelnen Vorgänge nach demselben Maasse messend verfolgt, können die sich ergebenden Zahlenreihen die in ihnen verborgenen Naturgesetze nicht nur dem geschulten Forscher, sondern auch dem gebildeten Laien sichtbar machen.

2. Absorption und Emission.

Die Arbeiten von Herrn *Professor Hertz* über die Elektricität und auch die von mir in der „Zeitschrift zur Förderung der Luftschifffahrt“ veröffentlichten Arbeiten über die elektrischen Schwingungen des Aethers lassen keinen Zweifel darüber bestehen, dass die elektrischen Erscheinungen die Folge der Aetherschwingungen sind. Da danach die elektrischen Wellen ebenso wie die Licht- und Wärmewellen die Eigenschaften der Interferenz, Beugung und Polarisation besitzen, so bleibt zur Vervollständigung jenes Beweises noch der Nachweis übrig, dass die optischen, thermischen und elektrischen Wellen auch dieselben Absorptions- und Emissionsgesetze befolgen.

Nun kann man den Strahlungsvorgang der Aetherwellen überhaupt, also sowohl den der Licht- und Wärmestrahlen als auch denjenigen der elektrischen Schwingungen auf folgende Weise erklären. Wenn nämlich ein Körper überhaupt Wellenbewegungen des Aethers veranlassen kann, so wird er dies ohne Zweifel nicht nur dann thun, wenn ihm ein schwächer geladener Körper gegenübersteht, sondern auch jedenfalls noch dann, wenn ihm ein Körper mit stärkerer oder gleicher Ladung gegenübersteht; denn die Ab- oder Anwesenheit eines anderen Körpers kann eben im Verhältniss des ersteren zu dem ihn umgebenden und erfüllenden Aether keine Aenderung herbeiführen, so dass, solange die Ursache der elektrischen Aetherschwingungen besteht, auch diese fortdauern müssen.

Diese Anschauungsweise über die elektrische Strahlung ist genau dieselbe, durch welche *Kirchhoff* zu seinem berühmten Gesetz über das Verhältniss des Emissions- und Absorptionsvermögens für Licht und Wärme geführt wurde, und führt in derselben Weise bei consequenter Durchführung auch für die Elektricität zu dem gleichen Satze, dass das Verhältniss zwischen dem Emissionsvermögen und dem Absorptionsvermögen, wenn dieselben auf die gleiche Wellenlänge bezogen werden, für alle Körper von gleicher Temperatur dasselbe ist. Da der diesbezügliche Beweis in allen Punkten genau mit dem von *Kirchhoff* für die Licht- und Wärmestrahlen geführten übereinstimmt, so übergehe ich denselben und verweise daher an dieser Stelle auf die einschlägige Abhandlung Kirchhoff's in „Pogg. Ann.“, Bd. 109. Aus vorstehenden Erörterungen folgt, dass auch für die elektrischen Wellen die Beziehung

$$\frac{E}{A} = \varepsilon$$

besteht, wenn E das Emissionsvermögen, A das Absorptionsvermögen bei derselben Temperatur sind und ε das Absorptionsvermögen eines die elektrischen Strahlen vollkommen absorbirenden Körpers ist.

Da demnach sowohl die Licht- und Wärmestrahlen als auch die elektrischen Schwingungen nach demselben Gesetze absorbirt, bezüglich ausgestrahlt werden, so liegt der Schluss nahe, dass die Zustandsänderungen der Körper, wenn diese im Verlaufe der Zeit die Licht-, Wärme- oder Elektricitätswellen, aussenden, nach denselben Gesetzen erfolgen. Die Gesetze, nach welchen absorbirte Licht- und Wärmewellen mit der Zeit wieder ausgestrahlt werden, werden daher mit dem sogenannten Dispersionsgesetz der Elektricität übereinstimmen, d. h. mit dem Gesetze, nach welchem ein mit Elektricität geladener Körper mit der Zeit seinen elektrischen Zustand verändert, wenn man ihn nach der Ladung sich selbst überlässt. Der experimentelle Nachweis für die Richtigkeit der soeben gezogenen Schlussfolgerung ergiebt sich in der That aus den Beobachtungen über die Emission der Elektricität der mit Elektricität geladenen Körper, wenn dieselben sich in Luft oder anderen Gasen befinden. Denn ebenso wie die Temperatur des erwärmten Körpers in einer geometrischen Progression sinkt, wenn die Zeiten in arithmetischer Progression wachsen, ebenso nehmen auch die Elektricitätsmengen in einer geometrischen Reihe ab, wenn die Zeiten in arithmetischer Reihe zunehmen. Ferner beweist die Beobachtung, dass in beiden Fällen die Abnahme der Wellenbewegung von der Masse der Körper und von der Grösse ihrer Oberfläche und in gewissen Grenzen auch von der Intensität der zugeführten Wellenmenge unabhängig ist, also die Emission der Wärme und die Zerstreuung der Elektricität einander wesensgleich sind. Dasselbe gilt auch für die Ausstrahlung der absorbirten Lichtstrahlen, d. h. für die Schwächung der durch Belichtung erzeugten Phosphorescenz mit der Zeit. Thatsächlich stimmen die drei diese Vorgänge darstellenden Formeln, welche bezüglich von *Dulong*, *Coulomb* und *Becquerell* experimentell bewiesen sind, vollständig mit einander überein; denn die Formel für die Erkaltung eines erwärmten Körpers lautet $t = t_0 e^{-p^1 x}$, diejenige für die Zerstreuung der Elektricität $Q = Q_0 e^{-px}$, und diejenige für die Emission des Phosphorescenzlichtes $\dot{i} = \dot{i}_0 e^{-ax}.$

— In diesen Formeln bedeutet t_0 die Anfangstemperatur, Q_0 die ursprüngliche Elektricitätsmenge, i_0 die anfängliche Intensität des Lichtes, während t, Q und i die Temperatur, bezüglich die Elektricitäts- und Lichtmenge zur Zeit x und p^1, p und a Constanten sind. Da demnach das Ausstrahlungsgesetz der absorbirten Wellen in allen drei Fällen durch dieselbe Annäherungsformel ausgedrückt wird und die Beobachtungen von demselben bei zu starker Ladung stets in demselben Sinne abweichen, so liegt der Schluss nahe, dass diese Abweichungen sich auf ein und dieselbe Ursache zurückführen und durch dieselbe Formel ausdrücken lassen.

Diese Abweichungen werden thatsächlich durch die von *Rosetti* aus den Beobachtungen abgeleitete Formel für das Wärme-Emissionsvermögen

$$y = a\,T^2\,(T - \vartheta) - b\,(T - \vartheta)$$

dargestellt und zwar innerhalb eines Intervalles von 0° bis nahe an 3000° (Philosophical Magasin, 1879).

Hierin bezeichnet y die mittelst der Thermosäule gemessene Wärmestrahlung, T die absolute Temperatur des strahlenden Körpers, ϑ die absolute Temperatur des umgebenden Mediums und a und b zwei von der Natur der Thermosäule abhängige Constanten. Das erste Glied der rechten Seite kann als die Wärmestrahlung angesehen werden, welche bei der Strahlung in den luftleeren Raum stattfindet, während das zweite den Einfluss des umgebenden Mediums darstellt. Die theoretische Begründung dieser Formel kann man mittelst der Absorptionstheorie Sellmeier's geben („Pogg. Ann." Bd. 145 und 147).

Nach *Sellmeier* nämlich ist der bei einer Aetherschwingung eingetretene Verlust an lebendiger Kraft gleich

$$(n^2 - 1).\ \frac{2\,\pi^2}{\tau^2}\, m^1\,(a^1)^2,$$

wenn τ die Schwingungsdauer und a^1 die Amplitude ist. Diese lebendige Kraft ist ganz an die körperlichen Moleküle übergegangen und ist das mechanische Maass der absorbirten Wellen. Nun ist aber der Coefficient $\frac{2\,\pi^2}{\tau^2}$ $m^1\,(a^1)^2$ für alle Stoffe mit grosser Annäherung constant; folglich müssen, wenn wir uns zunächst auf den gasförmigen Aggregatzustand beschränken, *„die absorbirten Wellenmengen bei den Gasen sich wie die brechenden Kräfte verhalten"*.

Da jedoch die specifischen Wärmen gleicher Gasvolumina unter demselben Druck der bei gleicher Temperaturerhöhung absorbirten Wärme proportional sind, so folgt hieraus auch noch sofort, dass *„die specifischen Wärmen gleicher Gasvolumina unter demselben Druck ebenfalls der brechenden Kraft proportional sein müssen“*. In der folgenden Tabelle sind die dies beweisenden Beobachtungen zusammengestellt.

Tabelle I.

Gase	A		$n^2 - 1$	$D - 1$	Cp . s
	Absorptionsvermögen für Wärme Beob.: Magnus Luft = 1		Brechende Kraft. Dulong. Luft = 1	Absorptionsvermögen für Elektricität. Beob.: Boltzmann. Luft = 1	Specifische Wärme gleicher Volume Wüllner Bd. III. S. 527.
Luft	14,75	1	1	1	1
O	14,75	1	0,924	0,924	1,029
H	16,23	1,1(?)	0,5	0,45	0,64 (Clement)
CO	27,95	2 (?)	1,157	1,169	1,008
CO_2	21,92	1,5	1,526	1,603	1,569
NO_2	24,50	1,7	1,71	1,678	1,649
CH_4	23,39	1,63	1,504	1,60	1,568
C_2H_4	40	2,8	2,302	2,22	1,949

Die beiden ersten Colonnen stellen die Beobachtungen von Magnus in „Pogg. Ann.“, Bd. 112 dar, die nächste enthält die von Dulong beobachteten brechenden Kräfte der Gase (Ann. de chim. et de phys., T. XXXI., p. 154; Pogg. Ann., Bd. 6), und die vorletzte Reihe ist aus den von *Boltzmann* beobachteten Dielektricitätsconstanten berechnet worden (Pogg. Ann., Bd. 155, p. 403), während die letzte die von *Regnault* beobachteten specifischen Wärmen wiedergiebt.

Könnte man nun die Abhängigkeit der brechenden Kraft von der Temperatur bestimmen, so hätte man damit zugleich auch eine gewisse Abhängigkeit des Absorptionsvermögens der Gase von ihrer Temperatur ermittelt. Theoretische Gründe nöthigen nun zu der Ansicht, dass *„die brechende Kraft der absoluten Temperatur umgekehrt proportional ist.“* Zur experimentellen Prüfung dieser durchaus nicht unwichtigen Frage kann man meines Wissens sich nur der Beobachtungen bedienen, welche V. v. Lang in „Pogg. Ann.“, Bd. 153, S. 465 über die Aenderung der Brechungsexponenten der Luft mit wachsender

Temperatur veröffentlicht hat. Berechnet man mit Hilfe dieser Brechungsexponenten die brechenden Kräfte $n_t{}^2-1$, bildet sodann die Quotienten $\frac{n_0{}^2-1}{n_t{}^2-1}$ und berechnet sodann die umgekehrten Quotienten der entsprechenden absoluten Temperaturen $\frac{T_t}{T_0}$, so findet man thatsächlich, dass bei Luft stets

$$n_0^2-1 : n_t{}^2-1 = T_t : T_0$$

ist. Hieraus folgt sofort, dass diese Beziehung auch für Stickstoff und Sauerstoff, deren Mischung die Luft bildet, ebenfalls gelten muss, da sich die Gase nach dem dritten Grundgesetze der Materie in der Mischung gegen die Aetherschwingungen nicht anders als vorher im isolirten Zustande verhalten können.

In der nachstehenden Tabelle sind die aus *v. Lang's* Beobachtungen erhaltenen Zahlenwerthe mit den aus den absoluten Temperaturen berechneten Werthen zusammengestellt worden. Es ist $T_t = 273 + t$.

Tabelle II.

t	n	$n_t{}^2 - 1$	$\frac{n_0{}^2-1}{n_t{}^2-1}$	$\frac{T_t}{T_0}$
0°	1,0002945	0,0005890	1	1
10°	857	714	1,036	1,031
20°	773	546	1,072	1,062
30°	695	390	1,109	1,093
40°	621	242	1,145	1,123
50°	551	102	1,181	1,154
60°	487	0,0004974	1,21	1,184
70°	427	854	1,254	1,213
80°	371	742	1,29	1,242
90°	321	642	1,327	1,269
100°	275	550	1,3636	1,295

Die vorstehende Tabelle beweist recht deutlich, dass in dem gasförmigen Aggregatzustand die brechende Kraft des Mediums der absoluten Temperatur umgekehrt proportional ist. Demnach ist die Abnahme derselben für 1 Grad Temperaturerhöhung gleich $^1/_{273}$, d. h. gleich dem Ausdehnungscoefficienten der Gase.

Vereinigt man nun das soeben bewiesene Gesetz mit dem oben für das Absorptionsvermögen abgeleiteten Gesetze, nach welchem dasselbe der brechenden Kraft direct proportional ist, so erhält man die neue Formel

$$A_0 : A_t = T_t : T_0,$$

d. h. *„das Absorptionsvermögen für durchstrahlende Wellen ist bei jedem Gase der absoluten Temperatur umgekehrt proportional.“*

Da nun ferner nach dem von *Dühring* verbesserten Gesetze *Gay-Lussac's* die Zwischenvolumina der bei gleichem Druck erwärmten Gase, von unwesentlichen Correctionen abgesehen, den absoluten Temperaturen direct proportional sind, so ergiebt sich die Schlussfolgerung, dass *„bei jedem Gase das Absorptionsvermögen und damit die brechende Kraft dem Zwischenvolumen,* d. h. dem zwischen den Molekülen befindlichen Raume, *umgekehrt proportional ist.“* Bezeichnet man die Gasvolumina bei verschiedener Temperatur ähnlich wie oben das Absorptionsvermögen mit v_0 und v_t und das Molekülvolumen mit x, so sind die Zwischenvolumina $v_0 - x$ und $v_t - x$, und es muss sich verhalten

$$A_0 : A_t = v_t - x : v_0 - x$$

oder auch $n_0^2 - 1 : n_t^2 - 1 = v_t - x : v_0 - x.$

Da das soeben erwähnte, auf das Zwischenvolumen bezogene Gesetz Gay-Lussac's auch für den festen und flüssigen Zustand gilt, sofern keine chemische Dissociation stattfindet, so kann man in ganz analoger Weise den Schluss ziehen, dass auch für diese Stoffe die vorerwähnten Absorptionsgesetze Geltung behalten, obschon sich in diesen Fällen ihre Richtigkeit noch nicht direct durch die Beobachtungen bestätigen lässt. Hierfür spricht übrigens mit zweifelloser Sicherheit, dass auch nach *Dühring* der auf das Zwischenvolumen bezogene Ausdehnungscoefficient sowohl bei den festen als auch bei den flüssigen Substanzen mit grosser Annäherung gleich $^1/_{273}$, also gleich dem Schwächungscoefficienten der brechenden Kraft bei der Erhöhung der Temperatur des brechenden Mediums um 1 Grad ist.

Nunmehr kann die Frage in Angriff genommen werden, welchen Einfluss die verschiedene Durchlässigkeit der umgebenden Medien auf das Strahlungsvermögen erwärmter Körper ausüben muss. Gehen wir zu diesem Zwecke auf den sachlichen Vorgang der Strahlung zurück und denken wir uns, dass von einer constanten Wärmequelle durch verschiedene in gleicher Temperatur befindliche Stoffe Wärme hindurchgestrahlt wird. Nach dem soeben abgeleiteten Gesetze sind in diesem Falle die in dem Medium zurückgehaltenen Wärmewellen der brechenden Kraft desselben direct proportional. Da nun aber die brechende Kraft des luftleeren Raumes gleich Null ist, so kann durch denselben überhaupt keine Wärme absorbirt werden. Kennt man jedoch die Wärme, welche ein erwärmter Körper in den luftleeren Raum ausstrahlt, so wird man demnach, wenn man die Wärmestrahlung in einem anderen Medium erhalten will, von der in den luftleeren Raum ausgestrahlten Wärmemenge jene Wärme abziehen müssen, welche durch das umgebende Mittel zurückgehalten oder absorbirt wird. Bezeichnet man nun die Wärmestrahlung des Körpers im luftleeren Raum mit V, so wird die Wärmestrahlung, wenn der strahlende Körper sich in einem Medium mit der brechenden Kraft n^2-1 befindet, entsprechend den soeben gegebenen Auseinandersetzungen durch einen Ausdruck von der Form

$$W^1 = V - C.(n^2-1)$$

dargestellt werden müssen. Das zweite Glied auf der rechten Seite dieser Gleichung ist jedoch noch von der Temperaturdifferenz des ausstrahlenden Körpers und des umgebenden Gases abhängig. Dies zeigt die Constante C an, da nach unserer bisherigen Annahme in allen Fällen die Umgebung stets dieselbe Temperatur haben, und ebenso auch der strahlende Körper auf einer anderen, aber constanten Temperatur erhalten werden soll. Um nun diese beschränkende Annahme fallen zu lassen, wollen wir folgende Betrachtung anstellen. Würde der strahlende Körper und das Mittel, in welchem sich derselbe befindet, dauernd genau dieselbe Temperatur besitzen, so würde der Körper gerade soviel Wärme an das letztere abgeben, wie er von demselben empfängt, d. h. beim Temperaturgleichgewicht würde überhaupt kein Wärmeverlust eintreten können. Besitzt dagegen der strahlende Körper eine höhere Temperatur als seine Umgebung, so würde er gerade um so viel Wärme mehr an das Medium abgeben, als seine absolute Temperatur diejenige des Mediums übertrifft; denn die absolute Temperatur ist das Maass der einem Körper zugeführten Gesammtwärme. In Folge dessen muss also die in dem Medium zurückgehaltene Wärmemenge nicht nur der brechenden Kraft des umgebenden Mediums, sondern auch noch der Temperaturdifferenz zwischen dem ausstrahlenden und dem umhüllenden Körper proportional sein. Demnach muss die obige Formel für die Wärmestrahlung die folgende Form besitzen

$$W = V - C \cdot (n^2 - 1) \cdot (T - \vartheta),$$

worin C eine Constante und T und ϑ die absoluten Temperaturen des strahlenden Körpers und des umgebenden Mittels sind.

Es kommt also jetzt nur noch darauf an zu ermitteln, in welcher Weise sich die Grösse von V mit der Temperatur ändert; mit andern Worten heisst dies, die Grösse der Wärmestrahlung eines Körpers im luftleeren Raum bei verschiedenen Temperaturen zu bestimmen. Nun folgt aber erstens aus der Absorptionstheorie *Sellmeier's*, wie ja auch durch die Beobachtungen bestätigt worden ist, dass jeder Körper von allen in ihn eindringenden Wärmestrahlen einen solchen Bruchtheil absorbirt, der seiner brechenden Kraft direct proportional ist; zweitens ist aber soeben gezeigt worden, dass die absorbirte Wärme bei verschiedenen Temperaturen ausserdem noch der Differenz der absoluten Temperaturen direct proportional ist. Aus diesen beiden Gesetzen kann man nun in ziemlich einfacher Weise das Strahlungsvermögen eines im luftleeren Raume befindlichen Körpers ableiten. Wenn nämlich die Wärmemenge, welche von der gesammten in einen Körper eingedrungenen Wärme in demselben zurückbleibt, der brechenden Kraft dieses Körpers direct proportional ist, also mit derselben abnimmt, bezüglich wächst, so muss natürlich der nicht in ihm zurückgehaltene Bruchtheil der Gesammtwärme um so grösser sein, je kleiner die brechende Kraft ist, und um so kleiner, je grösser dieselbe ist; die wieder ausgestrahlte Wärme muss der brechenden Kraft umgekehrt proportional sein. Hieraus folgt ohne Weiteres, dass ein erwärmter Körper in gleicher Weise von der ihm zugeführten Wärme einen um so grösseren Bruchtheil aussenden muss, je kleiner seine brechende Kraft in Folge der Temperaturerhöhung geworden ist. Ausserdem muss aber die abgegebene Wärme mit der Grösse der zugeführten Wärmemenge stetig wachsen; denn es ist ein nothwendiges mechanisches Grundgesetz, dass die Wirkung einer Kraft stets der Grösse dieser Kraft proportional ist. Nun ist aber die absolute Temperatur eines Körpers das Maass der ihm in Wärmeform zugeführten lebendigen Kraft; also muss die ausgestrahlte Wärmemenge auch noch der absoluten Temperatur des strahlenden Körpers direct proportional sein. Nunmehr kommt auch noch der Schwingungszustand des luftleeren Raumes in Frage, d. h. die jeweilige Temperatur des luftleeren Raumes, welche stets gleich derjenigen seiner Umgebung ist. Für den luftleeren Raum gilt genau dasselbe, was oben für jedes andere umgebende Mittel gesagt ist. Darnach wird der luftleere Raum ebenso, wie er Strahlen von dem Körper empfängt, auch an denselben zurücksenden. Hieraus folgt entsprechend der oben angegebenen Betrachtung, dass in ganz gleicher Weise die ausgesandte Wärme auch der Differenz der absoluten Temperatur des strahlenden Körpers und des Vacuums proportional sein muss. Demnach ist im luftleeren Raum die gesammte Wärmestrahlung

$$V = \frac{C \cdot T_t (T_t - \vartheta)}{(n_t)^2 - 1},$$

worin C eine Constante, $(n_t)^2 - 1$ die brechende Kraft des strahlenden Körpers, T dessen absolute Temperatur und ϑ diejenige des Vacuums bedeutet. Oben ist jedoch auf Grund der Versuche bewiesen worden, dass die brechende Kraft der absoluten Temperatur umgekehrt proportional ist, dass also

$$n_0^2 - 1 : n_t^2 - 1 = T_t : T_0$$
$$= \frac{1}{T_0} : \frac{1}{T_t}$$

ist; folglich geht der Ausdruck für V mit Berücksichtigung dieser Gleichung über in

$$V = \frac{C_1 \cdot T_t (T_t - \vartheta}{\frac{1}{T_t}}$$

oder $$V = C_1 \cdot T_t^2 (T_t - \vartheta).$$

Setzt man nun diesen Werth für V in die oben für W abgeleitete Formel ein, so erhält man

$$W = C_1 \; T_t^2 \; (T_t - \vartheta) - C \cdot (n^2 - 1) \; (T_t - \vartheta).$$

Dies ist die allgemeine Gleichung der Strahlung. Wählt man nun als umgebendes Medium stets die Luft, wie dies *Rosetti* bei seinen Versuchen gethan hat, so besitzt $n^2 - 1$ stets denselben Werth; die vorstehende Formel lautet also dann

$$W = C_1 \; T_t^2 \; (T_t - \vartheta) - C \cdot (T_t - \vartheta).$$

Da diese Formel mit derjenigen *Rosetti's* vollkommen übereinstimmt, so ist die letztere somit auch theoretisch völlig berechtigt und nicht mehr als eine lediglich aus den Beobachtungen abstrahirte Regel anzusehen, welche bei den höchsten Temperaturen versagen kann.

3. Dissociation, Gravitation und Affinität.

Ich gehe nunmehr zur Behandlung des Siedevorganges über. Das Sieden der Flüssigkeiten wird zweifellos durch die absorbirte Wärme bewirkt; folglich müssen die Siedetemperaturen zum Absorptionsvermögen oder zur brechenden Kraft in einer gewissen Beziehung stehen. Die Beobachtungen beweisen nun, dass *„die absoluten Siedetemperaturen verschiedener Flüssigkeiten bei demselben Druck den brechenden Kräften der Siedepunktsdämpfe direct proportional sind"*. Es besteht also, wenn man die absoluten Siedetemperaturen verschiedener Flüssigkeiten mit T_1, T_2, T_3... und die brechenden Kräfte ihrer Dämpfe entsprechend mit $n_1^2 - 1$, $n_2^2 - 1$, $n_3^2 - 1$, ... bezeichnet, folgende Beziehung:

$$T_1 : T_2 = n_1^2 - 1 : n_2^2 - 1.$$

Den Beweis hierfür liefert die folgende

Tabelle III.

Flüssigkeit	Siedetemperatur	Absolute Siedetemperatur T	Brechende Kraft (Luft = 1) $n^2 - 1$	$\frac{T_n}{T_x}$	$\frac{n_n^2 - 1}{n_x^2 - 1}$
H	— 236,8°	36,2°	0,470	2,17	2,17
N	— 194,4°	78,6°	1,02	1,00	1,00
CO	— 190°	83°	1,157	0,98	0,9
O	— 181,4°	96,6°	0,924	0,9	1,1
CH_4	— 164°	109°	1,504	0,73	0,7
CO_2	— 78,2°	194,8°	1,526	0,4	0,6
BrH	— 73°	200°	2,6	0,39	0,4
PH_3	— 66°	207°	2,682	0,38	0,38
Hg	+ 357°	630°	8	0,124	0,124
S	+ 447°	720°	9,4 (5,4?)	0,11	0,11
Se	+ 700°	973°	12,75	0,08	0,08
Cd	+ 860°	1133°	13	0,07	0,07
Zn	+ 1027°	1300°	17	0,06	0,06

„Nun verhalten sich aber die brechenden Kräfte der Siedepunktsdämpfe verschiedener Flüssigkeiten bei gleichem Druck auch wie die Molekülvolumina der Dämpfe zu einander." Die in der Tabelle IV. zusammengestellten Beobachtungen beweisen dies, trotzdem die Bestimmung der Molekülgrösse noch nicht mit sehr grosser Genauigkeit ausführbar ist, gleichwohl für die erste Begründung mit genügender Annäherung.

Tabelle IV.

Stoffe	n^2-1; x Dämpfe	x_1 dampfförmig	$\frac{x}{x_1}$
H	0,47	0,5	1
N	1,02	0,85 (<)	1,2
O	0,924	0,8 (<)	1,5
CO	1,157	0,865 (<)	1,2
C_2H_4	2,302	2,32	1
HCl	1,527	1,535	1
CO_2	1,526	1,55	1
BrH	2,6	2,35	1
PH_3	2,682	2,466	1
		(fest)	
Hg	8,2 ...	1,05	8
Zn	17	0,65	26
Cu	22,6	0,515	44 (22?)
Ag	22,7	0,725	31
Pt	34	0,65	52

Es muss sich also verhalten

$$n_1^2 - 1 : n_2^2 - 1 = x_1 : x_2;$$

es ist jedoch auch $n_1^2 - 1 : n_2^2 - 1 = T_1 : T_2$; folglich ist $x_1 : x_2 = T_1 : T_2$.

Berechnet man nun mittelst des verbesserten, auf das Zwischenvolumen bezogenen Gesetzes *Gay-Lussac's* und der beobachteten Ausdehnung der Metalle durch die Wärme die Grösse des Zwischenvolumens $v - x$, so findet man rund für *Hg* den Werth $\frac{1}{22}$, *Zn* $\frac{1}{42}$, *Cu* $\frac{1}{71}$, *Ag* $\frac{1}{64}$, *Pt* $\frac{1}{140}$. Diese Zwischenvolumina gehören zu den in der letzten Reihe der Tabelle angegebenen Molekülzahlen 8, 26, 44, 31, 52. Um nun die zu gleichen Zwischenvolumen gehörigen Molekülzahlen zu erhalten, hat man die in der letzten Reihe enthaltenen Molekülzahlen durch die hier aufgeführten Zwischenvolumina zu dividiren. Die so erhaltenen Zahlenwerthe, welche für *H, Hg, Zn, Cu, Ag, Pt* bezüglich rund sind 1, 200 (100), 1100, 3000, 2000, 7500, unterscheiden sich von den Werthen, welche *Dühring* mit Hilfe der *Clapeyron*'schen Zustandsgleichung aus den Ausdehnungs- und Compressionscoefficienten ermittelt hat, kaum.

Nun ist aber nach meiner Ansicht die ausgesandte strahlende Wärme allein der letzte Grund der gegenseitigen Anziehung der Materie; es liegt demnach der Schluss nicht fern, dass die Anhäufung der Materie im Raum eine Function ihres Emissionsvermögens ist und zwar in der einfachsten Beziehung zu demselben steht, nämlich ihm direct proportional ist. In der That bestätigen die Beobachtungen, soweit ich dieselben habe finden können, das Gesetz, dass *„die zu gleichen Zwischenvolumen gehörigen Molekülzahlen der Elemente dem Emissionsvermögen beim Siedepunkt direct proportional sind“*. Bezeichnet man die Molekülzahlen irgend zweier Stoffe mit N_1, N_2, die zugehörigen Siedetemperaturen entsprechend mit T_1, T_2 und mit ϑ die absolute Temperatur der Umgebung, so lässt sich das vorstehende Gesetz durch folgende Formel darstellen:

$$N_1 : N_2 = T_1^2 (T_1 - \vartheta) : T_2^2 (T_2 - \vartheta).$$

Die nach dieser Formel berechneten Molekül- oder Atomzahlen sind der Reihe nach rund 1, 100 (200), 1100, 1400, 2200, 8000. Die benutzten absoluten Siedepunkte sind bezüglich: 36,2°, 630°, 1027°, 1600°, 1650°, 2500°. Allgemeiner kann man das vorstehende Gesetz folgendermassen aussprechen: „Bei verschiedenen Temperaturen sind die Massen der Stoffe ihrem Emissionsvermögen direct proportional.“ Wendet man dies auf das Sonnensystem an und bezeichnet die Massen mit M_1, M_2, ... und die absoluten Temperaturen derselben an der Oberfläche mit T_1, T_2 ..., so muss sich verhalten

$$M_1 : M_2 = T_1^2 (T_1 - \vartheta) : T_2^2 (T_2 - \vartheta),$$

wenn ϑ die absolute Temperatur des Weltraumes bedeutet. Mit Hilfe dieses Gesetzes kann man, da die Massen der Weltkörper und die Temperatur der Erde bekannt sind, die Temperaturen der übrigen Planeten und der Sonne berechnen. Setzt man die absolute Temperatur des Weltraumes entsprechend den neuesten Annahmen gleich 173°, so erhält man mittelst der aufgestellten Formel für die Temperaturen der Planeten und der Sonne folgende mit den anderweitig gefundenen Werthen übereinstimmende Zahlenwerthe: Erde 300°, Mond 175°, Merkur 196°, Mars 200°, Venus 290°, Jupiter 1550°, Saturn 1100°, Uranus 620°, Neptun 630°, Sonne 17 000°.

Die hier dargestellten Gesetze führen schliesslich zu dem Resultat, dass lediglich die ausgesandte strahlende Wärme oder andere Aetherschwingungen in Physik und

Chemie der letzte mechanische Grund der gegenseitigen Anziehung der Materie ist. Die Wärme- und Volumänderungen sind demgemäss bei sämmtlichen Erscheinungen, mögen dieselben der kosmischen Mechanik oder den Gebieten der Physik im Allgemeinen oder auch der Chemie angehören, einander stets in gleicher Weise äquivalent, sind also denselben mechanischen Gesetzen unterworfen. Da nun nach dem dritten Grundgesetz der Materie die kleinsten Theilchen derselben unter allen Umständen ihre Grundeigenschaften beibehalten, so muss es rücksichtlich der freiwerdenden Wärme gleichgültig sein, ob die Volumverminderung durch einen chemischen Process zweier Stoffe oder durch Absorption jedes einzelnen oder auch durch Compression jedes einzelnen oder des Gemisches bewirkt wird, wenn man von demselben Anfangsvolumen aus bis zu demselben Endvolumen die Stoffe sich verdichten lässt. In der That bestätigen die Beobachtungen dies Gesetz vollständig, z. B. bei Wasserstoff und Sauerstoff. Verbrennt man 1 g Wasserstoff mit 8 g Sauerstoff, so erhält man nach *Favre* und *Silbermann* 34,5 Wärmeeinheiten; lässt man 1 g Wasserstoff durch Palladiummohr absorbiren, so erhält man 9,5 Kalorieen und durch Absorption von 8 g Sauerstoff mittelst Platinmohrs 25 Wärmeeinheiten, im Ganzen also ebenfalls 34,5 Wärmeeinheiten. Comprimirt man das Zwischenvolumen des aus 1 g H und 8 g O bestehenden Gasgemischs um $\frac{1}{273}$, so erwärmt sich das Gemisch um 1^0; comprimirt man das Zwischenvolumen um $\frac{x}{273}$, d. h. bis zu der Dichtigkeit des Wassers, so erwärmt sich das Gemisch um x^0. Nun verhalten sich aber die erzeugten Wärmemengen nach dem verbesserten *Gay-Lussac-Dulong*'schen Gesetz umgekehrt wie die Zwischenvolumina; also verhält sich, wenn man dieselben mit a cbm und b cbm (gasförmig) bezeichnet,

$$a : b = 1 : x.$$

Da a und b beobachtet sind, so kann man x, d. h. die freiwerdende Compressionswärme berechnen, muss dieselbe aber durch Multiplication mit der specifischen Volumwärme des Gasgemisches in Wasserkalorieen umwandeln, um sie mit der chemischen Wärme vergleichen zu können. Führt man dies aus, so erhält man nicht nur bei H_2O, sondern auch bei ungefähr 20 anderen chemischen Verbindungen (NH_3, SH_2, CO_2, CH_4, HCl, PbS, CO etc.) auf diese

Weise dieselbe Wärmemenge, welche durch den chemischen Process entbunden wird.

Eine ausführlichere und strengere Behandlung der soeben ganz kurz formulirten Gesetze wird später in besonderen Kapiteln geliefert werden, wenn erst die räumlich-mechanische Wirkungsweise der Aetherstrahlen an der Hand der vorhandenen Beobachtungen erklärt worden ist.

II. Kapitel.

Ueber die Strahlung der Aetherwellen.

1. Das Spannungsprincip bei den Aetherwellen.

Die Untersuchungen von *Crookes, Zöllner, E. Thomson* und *Puluj* über die Wirkung der strahlenden Materie haben wegen ihrer Eigenartigkeit und wegen der wunderbaren Resultate, welche sie über das Wesen und die Constitution der materiellen Elementartheilchen erschlossen, von Anfang an mit Recht die Aufmerksamkeit und das höchste Interesse in naturwissenschaftlichen Kreisen erregt; dieselben haben jedoch auch in praktischer Hinsicht durch die glänzenden Ergebnisse, zu welchen der berühmte aus Oesterreich stammende, jetzt in Amerika lebende Elektrotechniker *Nikola Tesla* im vorigen Jahre durch Anwendung von Strömen mit sehr hoher Wechselzahl gelangt ist, die weittragendste Bedeutung und zwar für die beiden wichtigsten Gebiete der Elektrotechnik, nämlich für die elektrische Beleuchtung und die elektrische Kraftübertragung, erlangt. Da nun durch die bekannten Untersuchungen von *Hertz* und *Möller* über die Strahlung der elektromagnetischen Wellen und die von mir gleichzeitig publicirte Wellentheorie der Elektricität die theoretische Erklärung dieser wunderbaren Erscheinungen mittelst der Vibrationstheorie nach rein mechanischen Principien schon jetzt gestatten, so soll dieser Versuch im Nachstehenden mit Bezugnahme auf die im ersten Kapitel dieses Buches veröffentlichten Absorptions- und Emissionsgesetze der Aetherwellen gemacht werden.

Die von einem Körper ausgestrahlten Wellen, mögen dieselben nun Licht-, Wärme- oder Elektricitätswellen sein, breiten sich nach allen Richtungen des Raumes hin aus,

d. h. also kugel- oder strahlenförmig. Hieraus folgt ohne Weiteres, dass die Intensität der ausgesandten Wellenbewegung mit wachsender Entfernung von dem strahlenden Körper abnehmen muss, und zwar in derselben Weise, wie die mit dem Abstand als Radius beschriebenen Kugel-Oberflächen wachsen; denn die ursprüngliche Wellenmenge muss sich bei wachsender Entfernung vom Körper wegen der radialen Ausbreitung auf die betreffenden Kugel-Oberflächen gleichmässig vertheilen. Nun ist aber die Oberfläche einer Kugel vom Radius r gleich $4 r^2 \pi$, die Kugel-Oberflächen sind also dem Quadrate des Radius direct proportional. Da nun aber die Intensität der Strahlen der Grösse der Oberfläche, über welche sie sich ausbreiten, umgekehrt proportional ist, so muss demnach die Intensität der Wellenbewegung dem Quadrate der Entfernung vom strahlenden Punkte umgekehrt proportional sein. In der That beweisen die angestellten Beobachtungen, dass nicht nur die Intensität der Licht- und Wärmestrahlen, sondern auch diejenige der elektrischen Schwingungen dem Quadrate der Entfernung umgekehrt proportional ist: Bei dem Licht benutzt man zur Messung der Intensität das Photometer, bei der Wärme das Thermometer oder die Thermosäule und bei der Elektricität das Elektroskop oder besser noch die *Coulomb*'sche Drehwaage. Gerade die Versuche *Coulombs* mit der Drehwaage haben unzweifelhaft bewiesen, dass die Intensität der strahlenden Elektricität ebenso wie diejenige der Licht- und Wärmewellen mit dem umgekehrten Quadrate der Entfernung abnimmt. Da die Intensität ausserdem noch der wirksamen Elektricitätsmenge direct proportional ist, so kann man das räumliche Wirkungsgesetz der statischen Elektricität also formuliren: „*Die Anziehung oder Abstossung elektrisch geladener Körper ist den wirksamen Elektricitätsmengen direct, dem Quadrate ihrer Entfernung umgekehrt proportional.*“ Da die Elektricität eine Kraft ist, so hätte man dies Resultat auch ohne Weiteres aus dem Grundgesetze folgern können, dass die functionelle Beziehung einer Kraft zu ihrer räumlichen Bethätigungsmöglichkeit stets dieselbe sein muss. Es giebt danach eben in der Natur nur eine einzige räumliche Wirkungsform der Materie, welche nur durch die zeitliche Wirkungsgelegenheit in bestimmten Fällen abgeändert werden kann. Wenn nun auch die räumliche Bethätigungsweise der Wellenbewegung, welche als die Ursache der elektrischen Anziehung und Abstossung immerhin noch fingirt ist, mit der räumlichen Wirkungsweise derselben übereinstimmt, so fragt es sich dennoch sehr, ob denn auch wirklich jene Wellen wie die ihr ähnlichen Aetherschwingungen überhaupt in Massenbewegung umsetzbar sind. Diese Frage ist bereits durch Thatsachen sowie durch recht sinnreiche und interessante Versuche und Experimente dahin entschieden worden, dass dies bei allen jenen Wellenbewegungen möglich ist.

Die betreffenden Erscheinungen lassen sich nämlich auf Grund eines einfachen und für alle Aetherwellen gültigen mechanischen Princips erklären, das in der theoretischen Mechanik als das Spannungsprincip bezeichnet und von mir bereits in meiner Arbeit vom Jahre 1885 verwerthet und von *Dühring* in der zweiten Folge seiner Physik in die theoretische Wärmemechanik eingeführt ist. Nach diesem Princip kann in einem mechanischen System nur dann eine Verschiebung eintreten, wenn die Kraft, welche dieselbe veranlasst, höher gespannt ist als die ihr entgegenwirkende Kraft; sind dagegen beide gleich gross, so kann eben keine Entspannung und damit auch keine Verschiebung im System eintreten. Die im ersten Falle sich ergebende Verschiebung oder Formänderung ist der Mehrspannung direct, der Masse aber umgekehrt proportional. Aehnlich liegt die Sache bei der mechanischen Wirkung der Aetherwellen. Dieselben können nur dann eine einseitige Bewegung bewirken, wenn sie an einer Stelle höher gespannt sind, als an einer anderen. Mit anderen Worten soll dies heissen, dass die Aetherstrahlen stets dann, wenn sie an einer Seite eines Körpers stärker als an der entgegengesetzten ausströmen, durch den Widerstand, den sie beim Ausströmen zu überwinden haben, auf den Körper, von welchem sie ausstrahlen, proportional dem Ueberschuss der ausgestrahlten Wellenmenge eine rückstossende Wirkung ausüben müssen. Der mechanische Vorgang entspricht dem Rückdruck beim *Segner*'schen Wasserrade; ja dasselbe lässt sich übrigens leicht so umgestalten, dass es ein vollkommenes Bild der Wirksamkeit der Aetherwellen liefert. Zu diesem Zwecke hat man bei dem üblichen *Segner*'schen Wasserrade gerade gegenüber der Oeffnung des ausfliessenden Wasserstrahls eine andere, aber bedeutend kleinere Oeffnung zu machen; denn dann wird auch aus dieser etwas Wasser, aber weniger als aus der gegenüberliegenden grösseren Oeffnung ausströmen, und die Drehung daher wegen des Ueberschusses auf dieser Seite noch in derselben Richtung wie vorher, wenn auch freilich langsamer, erfolgen. Sind dagegen die auf den entgegengesetzten Seiten befindlichen Ausflussöffnungen gleich gross, so kann keine drehende Bewegung mehr stattfinden, da dann ebenso wie beim vollständig geschlossenen Rohr der Wasserdruck an allen Stellen des Rohres derselbe ist. Eine zwischen den Ausflussöffnungen befindliche Luftblase wird entsprechend der an dieser Stelle vorhandenen Wasserpressung comprimirt.

Die vorstehend angeführten sachlichen Vorgänge lassen sich durch Experimente in leichter und einfacher Weise als richtig nachweisen. Gehen wir jedoch, was hier von grösserer Wichtigkeit sein dürfte, etwas näher auf die Rolle des Wassers inner- und ausserhalb des vorliegenden mechanischen Systems ein und untersuchen wir namentlich die Widerstandsverhältnisse der wirksamen Wassersäule. Ausserhalb des verticalen Wasserrohrs, also bevor das herabfliessende Wasser in das Turbinenrohr eingetreten ist, fällt dasselbe, wenn man von dem Widerstande der Luft absieht, ohne irgend ein Hinderniss lediglich in Folge der Einwirkung der Anziehungskraft der Erde nach den Gesetzen des freien Falls. Auch bei dem Eintritt in die Turbine selbst erfährt das Wasser noch keinen Widerstand; derselbe tritt auf und kann auch erst dann auftreten, wenn das Wasser wirklich ein integrirender Bestandtheil des mechanischen Systems geworden ist; dann erst übt das Wasser nach Maassgabe der im Fall erlangten lebendigen Kraft einen Druck auf die Turbinenwand aus, der dann in der bekannten Weise bei dem *Segner*'schen Wasserrade mechanisch nutzbar gemacht werden kann. In ganz gleicher Weise hat man sich das Einströmen der Aetherwellen aus einem dünneren in ein dichteres Medium und dann wieder aus diesem in ein dünneres Medium zu denken. Dem Eindringen der Aetherstrahlen wird ebenso wie dem Wasser beim Einströmen in die Turbine kein Widerstand geleistet, wenn man von den reflectirten Wellen absieht. Einen wirklichen Widerstand kann die Aetherströmung erst im Inneren des Leiters erfahren, der gleichsam die Function des Turbinenrohres ausübt. Das Ausströmen der Aetherwellen aus dem dichteren Medium in das dünnere Medium wird durch die brechende Kraft und die davon abhängige totale Reflexion an der Oberflächenschicht des dichteren Körpers zum grösseren Theil verhindert, so dass im Innern des Körpers ein höherer Spannungszustand eintreten muss, der sich bei genügender Stärke durch die Volumvergrösserung des leitenden Körpers mechanisch bemerkbar macht. Hebt man dagegen an einer Stelle des Körpers in der Weise wie beim *Segner*'schen Wasserrade die Spannung dadurch auf, dass man das Ausströmen der Aetherstrahlen daselbst verstärkt, so muss dadurch eine einseitige Bewegung des Systems veranlasst werden. Wegen der ausserordentlichen Wichtigkeit, welche die diesbezüglichen radiometerartigen Bewegungserscheinungen als die mechanische Grundlage chemisch-physikalischer Theorien besitzen, halte ich es für thunlich, auf die zahlreichen diesbezüglichen Beobachtungen von diesem Gesichtspunkt aus näher einzugehen.

2. Die Radiometerbewegungen.

Die ersten experimentellen Versuche, den mechanischen Rückstoss der strahlenden Materie oder richtiger der Aetherwellen nachzuweisen, sind meines Wissens von *Mairan* angestellt und in seiner Arbeit „Eclaircissement sur le traité physique et historique de l'aurore boréale“ in den „Mémoires de l'Académie royale des sciences à Paris“, 1747 p. 363—435 veröffentlicht worden. In dem neunten Kapitel dieser Abhandlung, dessen Ueberschrift lautet: „Sur l'impulsion des rayons solaires“, beschreibt er eine Lichtmühle, nachdem er die Beobachtungen von *Hartsoeker* (1696) und von *Homberg* (1708) über die Bewegung einer dem Brennpunkt eines Brennspiegels ausgesetzten Uhrfeder angeführt hat, auf Seite 428 etwa mit folgenden Worten: „*Du Fay* und ich construirten ein sehr bewegliches, windmühlenartiges Flügelrad, worauf wir den Brennpunkt einer 7 bis 8 Zoll im Durchmesser haltenden Lupe fallen liessen. Wir erzielten jedoch nur unsichere, hin- und hergehende Bewegungen. Ich verschaffte mir daher eine ähnliche, leichtere und viel künstlicher aufgehängte Maschine. Dieselbe besteht aus einem horizontal liegenden Rade von ungefähr 3 Zoll Durchmesser mit sechs Speichen, an deren äussersten Enden sich je ein kleiner schräger Flügel befindet. Die eiserne Achse desselben wird an seiner oberen Spitze nur mittelst eines eisernen Halslagers gehalten. Das Flügelrad und die Achse wiegen im Ganzen kaum 30 grains (= 1,8 Gramm). Unter dem Einfluss der Licht- und Wärmestrahlen drehte sich die Maschine bald nach der einen, bald nach der anderen Seite, je nachdem einer ihrer Flügel sich dem Brennpunkte von unten oder oben mehr oder weniger näherte. Man muss daraus den Schluss ziehen, dass die leuchtenden Strahlen sich nach den verschiedenen Richtungen des von der Lupe gebildeten Kegels hinziehen und wieder zurückstossen. Allein die Ausdehnung einer plötzlich und ungleichmässig erwärmten Luftmasse in der Umgebung des Flügels, dem man den Brennpunkt näherte, schien mir eine hinreichende Ursache für diese Wirkung zu sein. Das immerwährende Hinderniss dieser Luft brachte mich natürlich auf den Gedanken einen dieser Versuche in dem luftleeren Raume anzustellen; indessen gestehe ich, dass ich nach einiger Ueberlegung über den etwaigen Erfolg zu der Ansicht gekommen bin, mir die Mühe nicht nehmen zu brauchen." — An der Ausführung dieses Versuches hinderten ihn erstlich seine Anschauungen von der Constitution des Aethers und zweitens die Schwierigkeit, einen möglichst luftleeren Raum herzustellen. Hätte *Mairan* seine Versuche, welche er in gewöhnlicher Luft anstellte, in einem luftleeren Raume wiederholt, wie er beabsichtigt hatte, so würden sich ihm die Crookes'schen Resultate ergeben haben. Das Hinundherschwanken der Flügel nach verschiedenen Richtungen unter dem Einfluss der Lupe dürfte bei seinen Versuchen ebenso, wie dies bei den bekannten Versuchen *Zöllner's* der Fall gewesen ist, hauptsächlich dadurch veranlasst worden sein, dass der Brennpunkt bald concave, bald convexe Theile der nicht vollkommen ebenen Flügel erwärmte.

Einen ähnlichen Versuch wie *Mairan* hat *Michell* im Anfange dieses Jahrhunderts angestellt. Derselbe befestigte an dem einen Ende einer Klaviersaite, welche in einem Holzkasten an einem Faden hing und durch ein Gegengewicht im Gleichgewicht gehalten wurde, eine Kupferplatte, auf welcher er mittelst eines Brennglases Sonnenstrahlen concentrirte. Anfangs bewegte sich das Kupferblättchen mit einer Geschwindigkeit von $2^1/_2$ Zoll in der Secunde rückwärts, bis es gegen die Wand des Kastens stiess und sich verbog. Es wäre wünschenswerth, dass diese Versuche mit besseren und empfindlicheren Apparaten wiederholt würden und damit der Nachweis geführt würde, dass die Radiometerbewegungen nicht nur im luftleeren Raume, sondern auch in der atmosphärischen Luft trotz der hemmenden Wirkungen derselben möglich sind. Auf einen derartigen Versuch, den man leicht wiederholen kann, bin ich bei der Anstellung von Kunststücken auf dem Billard geführt worden. Balancirt man ein Billardqueue auf einem Weinglase aus, so dass es sich auf demselben leicht drehen kann, und nähert nun ein am Rande erwärmtes und nach einer Richtung hin glatt gestrichenes Stück Pappe dem Queue, so wird das letztere ziemlich kräftig angezogen und folgt nach, sobald man die Pappe langsam weiter zurückzieht. Noch eclatanter zeigt sich diese anziehende Wirkung der von der warmen Pappe ausgesandten Wärmestrahlen, wenn man das Queue nach der Art des Hengler'schen Horizontalpendels an zwei langen Fäden horizontal aufhängt; in diesem Falle ist die anziehende Wirkung, wie ich mich durch mehrere Versuche überzeugt habe, wahrhaft frappirend. Beistehende Figur möge zur Erläuterung dieses Experiments dienen.

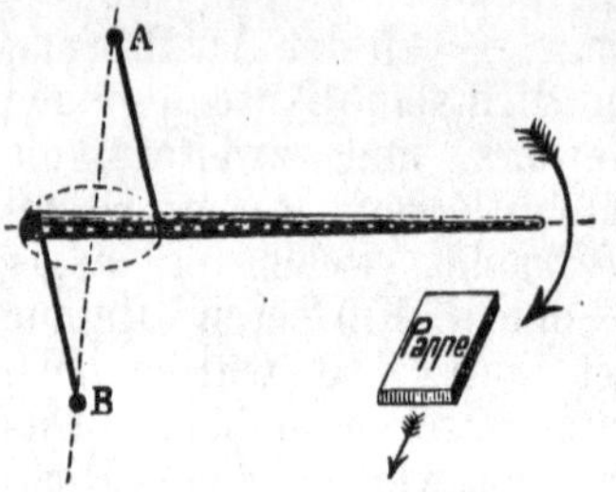

Dieselben Resultate erhält man, wenn man einen Federhalter oder eine Stricknadel nach Art der Coulomb'schen Drehwaage horizontal aufhängt und die erwärmte Pappe darauf wirken lässt. Zwei gleich bearbeitete Pappstücke oder Löschblätter stossen sich ab, so dass also die Erscheinungen der Wärme hier den elektrischen Vorgängen fast vollkommen wesensgleich sind. Das Elektroskop schlägt sehr kräftig aus.

Nunmehr komme ich zu den bekannten Experimenten von *Crookes*, welche in der wissenschaftlichen Welt mit Recht ein so grosses und allseitiges Interesse erregt haben. Veranlasst wurde *Crookes* zu diesen Versuchen, wie er selbst in einem diesbezüglichen Vortrage erwähnt, durch die Speculationen *Faraday's* über die Eigenschaften der strahlenden Materie. *Crookes* hat den bereits von *Mairan* gehegten Plan verwirklicht, indem er den mechanischen Rückstoss der strahlenden Wärme und im Anschluss daran denjenigen der elektrischen Schwingungen und deren sonstige Wirkungen im luftleeren Raum untersuchte. Gleichzeitig und zwar völlig unabhängig von *Crookes* wurden die Radiometerbewegungen ebenfalls von Herrn Professor *Neesen* in Berlin experimentell untersucht (cf. Pogg. Ann., Bd. 156, S. 144—156, 1875). Später sind diese Versuche von *Zöllner, Finkener* und Anderen wiederholt worden. Die Beobachtungen, welche die einzelnen Forscher angestellt haben, stimmen freilich vollständig mit einander überein, nicht aber die Theorien, durch welche sie dieselben zu erklären suchten.

Die Construction eines gewöhnlichen Radiometers zeigt die nächstfolgende Figur welche ebenso wie die nachfolgenden Figuren über die *Crookes*'schen Strahlungsvorgänge aus Meyer's Conversationslexikon entnommen ist.

Die Aluminiumblättchen, welche vertical stehen und an dem um die verticale Achse drehbaren Kreuze aus Aluminiumdrähten befestigt sind, sind auf einer Seite geschwärzt. Sobald man auf die Flügel des Rades die

Sonnenstrahlen oder die Strahlen irgend einer anderen Wärmequelle auffallen lässt, bewegt sich das Rad so, dass die schwarzen Flächen der Blättchen zurückweichen. Da infolge des grösseren Absorptions- und Emissionsvermögens der berussten Blättchen dieselben eine grössere Strahlenmenge aufnehmen und auch wieder ausstrahlen, so muss natürlich in ähnlicher Weise wie bei dem *Segner*'schen Wasserrade nach dem Reactionsprincip ein Zurückweichen der schwarzen Blättchen eintreten. Um genauere Messungen anstellen zu können, als dies mit einem gewöhnlichen Radiometer möglich ist, hat Herr Dr. *Pringsheim* nach *Crookes'* Beispiel einen sogenannten Torsionsapparat benutzt und das Aluminiumblättchen an einem Coconfaden in einer luftleeren Röhre aufgehängt.

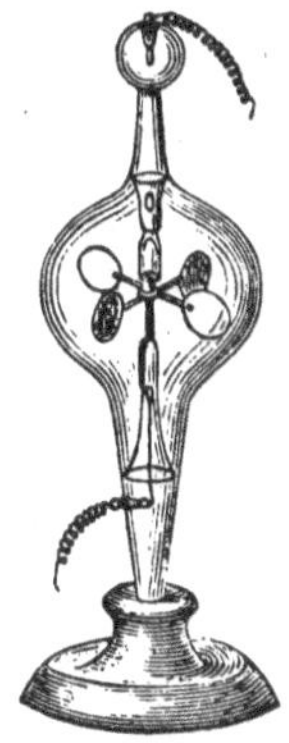

Das in dem unteren Theile des Apparates im Gleichgewicht gehaltene Glimmerblättchen war auf der einen Seite berusst. Zunächst ergab sich aus den angestellten Beobachtungen, dass auch die Temperatur der Glashülle von Einfluss auf die Bewegung des Radiometerflügels ist. Das Resultat dieser Untersuchungen lässt sich kurz in folgender Form aussprechen: „Von einer warmen Fläche geht im luftverdünnten Raum ein Druck aus, der mit der Temperatur der Fläche zunimmt.“ Indessen tritt dieser Einfluss gegen diejenige Wirkung zurück, welche die Beschaffenheit der Radiometerflügel auf deren Bewegungsweise ausübt. Da bei den bezüglichen Versuchen eine directe Einwirkung von Seiten der Gefässwände gänzlich vermieden wurde, so ist zunächst klar, dass eine Bewegung durch die Flügel nur dann hervorgebracht werden kann, wenn ihre beiden Seiten bei der Bestrahlung verschieden wirken, weil ja eine gleiche Wirkung beider Seiten sich aufheben würde. Da ferner die Bewegung durch Bestrahlung hervorgebracht wird, so muss natürlich die lebendige Kraft der Bewegung von den Strahlen herrühren. Dies ist jedoch nur durch Absorption möglich, da schon die einfachsten Versuche zeigen, dass eine directe Uebertragung der lebendigen Kraft der Strahlen an die Flügel nicht die Ursache der Bewegung sein kann. Daher wird die Wirkung desto stärker sein, eine je grössere Strahlenmenge in den Flügeln absorbirt wird und je mehr der an der einen Fläche absorbirte Theil der Strahlung den an der anderen Seite absorbirten übertrifft. Mit anderen Worten heisst dies, dass die erzeugte Bewegung mit dem umgekehrten Quadrate der Entfernung der wirksamen Wärmequelle abnehmen muss, wenn anders die Wärmestrahlen die Ursache der Bewegung sein sollen. In der That wird diese Schlussfolgerung, welche aus der Annahme folgte, dass die Wärmewellen die Ursache der Bewegung sind, durch die Beobachtung vollkommen bestätigt, und damit die Richtigkeit der aufgestellten Hypothese bewiesen; denn die Wirkung ist wirklich dann am stärksten, wenn feine Glimmerblättchen, die fast gar keine Wärmestrahlen absorbiren, auf einer Seite mit dem auch für Wärmestrahlen undurchlässigsten aller Körper, nämlich mit Lampenruss bedeckt sind, und nimmt mit der Intensität der Wärmestrahlung, d. h. im umgekehrten Quadrat der Entfernung ab.

Den Beweis hierfür liefern beispielsweise die in Poggendorff's Annalen, Bd. 156 S. 489 von *Poggendorff* angeführten Beobachtungen *Crookes:*

Lichtquelle	Zeit zu einem Umlauf in Secunden
1 Kerzenflamme 20 Zoll Abstand	182
„ 10 „ „	45
„ 5 „ „	11

Da die Umlaufszeit der wirksamen Kraft umgekehrt proportional ist, so muss sich nach dem bekannten quadratischen Kraftbethätigungsgesetz in diesem Falle verhalten:

$$20^2 : 10^2 = 182 : 45$$
$$\text{und } 10^2 : 5^2 = 45 : 11$$

Dass dies thatsächlich mit wünschenswerther Genauigkeit der Fall ist, beweist die Auswerthung der vorstehenden Proportionen.

Die Beobachtungen zeigen ferner, dass stets diejenige Fläche zurückweicht, welche die grösste Strahlenmenge aussendet. Der Vorgang ist also bei den Radiometererscheinungen ein ähnlicher wie bei dem elektrischen Spitzenrad, bei dem die ausströmenden elektrischen Schwingungen eine Rotation hervorrufen, oder auch wie bei dem *Segner*'schen Wasserrade, dessen Bewegung durch den Rückstoss des ausströmenden Wasserstrahls bewirkt wird. Dass übrigens auch die elektrischen Schwingungen in derselben Weise auf die Radiometerflügel einwirken wie die Wärmestrahlen, hat *Crookes* in recht augenscheinlicher und leichtverständlicher Weise experimentell nachgewiesen. Da gerade zwischen der Wärme und der Elektrizität vielfache Beziehungen und Gleichartigkeiten bestehen, so dürften die diesbezüglichen Versuche, abgesehen von ihrer sonstigen

Wichtigkeit, einer eingehenden Besprechung werth sein. Um nachzuweisen, dass die von dem negativen Pol eines Inductionsstromes ausgehenden Wellen eine mechanische Wirkung auszuüben vermögen, liess *Crookes* sich einen sinnreichen Apparat anfertigen. Derselbe besteht, wie Figur 3 zeigt, aus einer in hohem Grade evacuirten Glasröhre mit einer kleinen gläsernen Schienenbahn, die inwendig von einem Ende zum andern läuft. Auf den Schienen rollt die Achse eines kleinen Rades, dessen Speichen breite Glimmerschaufeln tragen. An jedem Ende der Röhre, etwas oberhalb der Mitte, befindet sich ein Aluminiumpol, so dass der elektrische Strom immer von dem negativen Pol, möge derselbe an dem einen oder dem andern Ende liegen, längs der Röhre hingeht und, indem er die oberen Flügel des kleinen Schaufelrades trifft, dieses zu rotiren und längs des Schienenweges hinzulaufen nöthigt. Kehrt man die Pole um, so wird das Rad aufgehalten und wieder auf demselben Wege zurückgehen; selbst wenn man die Röhre sanft neigt, vermag die Kraft der elektrischen Schwingungen das Rad bergan zu treiben. Dieser Versuch zeigt, dass die von dem negativen Pole ausgehenden elektrischen Strahlen einen leichten Gegenstand fortzuschieben vermögen. Da wir vorher bei der Einwirkung der Wärmestrahlen auf die Radiometerflügel gesehen haben, dass die Wärmestrahlen bei einseitigem Ausströmen einen Rückstoss ausüben, so muss auch der negative Pol des Inductionsstromes, wenn er wirklich Schwingungen des Aethers aussendet, einen Rückstoss erleiden, der sichtbar werden muss, sobald man den Pol selbst beweglich macht. Dies hat *Crookes* mittelst eines radiometerartigen Apparates gezeigt, der seinem Aussehen nach einem gewöhnlichen Radiometer mit Aluminiumscheiben statt der Flügel gleicht; jede Scheibe ist auf der einen Seite mit einer Glimmerplatte überzogen. Die Radachse wird von einem Stücke harten Stahles statt von einem Glashütchen getragen; die Nadelspitze, auf welcher das Rad läuft, ist durch einen Draht mit dem in das Glas eingeschmolzenen Platinende verbunden. Oben auf der Radiometerkugel ist das andere Polende eingeschmolzen. Verbindet man nun das Radiometer so mit einem Inductorium, dass das bewegliche Rad der negative Pol wird, so tritt bei genügender Evacuirung eine schnelle Rotation des Rades ein. Beträgt nämlich der Druck nur wenige Millimeter Quecksilbersäule, so bildet sich beim Durch-

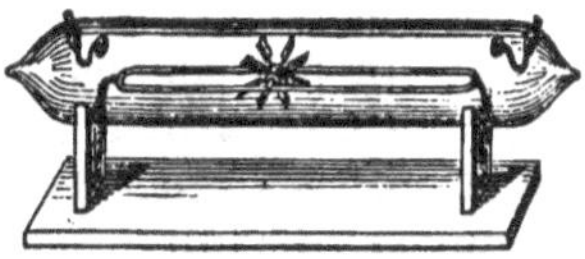

gange des Inductionsstromes ein Hof von sammetviolettem Licht um die metallische Seite der Flügel, während die Glimmerseite dunkel bleibt. Wenn der Druck geringer wird, so sieht man, dass ein dunkler Zwischenraum den violetten Hof von dem Metall trennt. Bei Drucken von einem halben Millimeter dehnt sich dieser dunkle Raum bis an das Glas aus, und die Rotation des Rades beginnt. Setzt man die Entleerung fort, so breitet sich der dunkle Raum weiter aus und scheint sich selbst am Glase abzuplatten, während die Rotation sehr schnell wird. Das principiell Wichtige bei diesem Versuche besteht darin, dass die Aluminiumblättchen auf der einen Seite mit gleich grossen Glimmerblättchen bedeckt sind und dadurch auf dieser Seite die Ausstrahlung der Elektricität verhindert wird, da der Glimmer bekanntlich ein Nichtleiter der Elektricität ist. Durch dieses Mittel wird eben bewirkt, dass die Blättchen nur auf der rein metallischen Seite elektrische Schwingungen auszusenden vermögen und demgemäss ebenso wie bei der gewöhnlichen Lichtmühle einen Rückstoss erleiden müssen. Im Grunde genommen ist der Vorgang genau derselbe wie bei dem bereits oben erwähnten elektrischen Spitzenrad. Es wird daher auch dann eine Rotation des Radiometerrades eintreten, wenn man dasselbe mit dem Conductor einer Elektrisirmaschine verbindet. Meines Wissens ist dieses Experiment noch nicht gemacht. Dieselbe Wirkung wird sich aus dem gleichen Grunde zeigen, wenn man die beiden Pole mit den Belegungen einer Leidener Flasche in Verbindung setzt. Die Intensität der Bewegung hängt von der ausgestrahlten Wellenmenge, d. h. von der Stärke des wirksamen elektrischen Stromes ab.

In ähnlicher Weise, wie im vorhergehenden Abschnitt beschrieben ist, lässt sich die mechanische Wirkung der Elektrizität und der Wärme zeigen, wenn die Kraftquellen selbst unbeweglich, die Flügel aber beweglich sind. *Crookes* hat zu diesem Zwecke das in Fig. 2 dargestellte Radiometer entsprechend abgeändert. Die verticale Achse trägt nämlich eine Nadelspitze, auf welcher ein leichtes Glimmerrad statt der Aluminiumflügel rotirt. Dieses Rad besteht aus vier quadratischen Flügeln aus klarem Glimmer, die an leichten Aluminiumarmen sitzen; in der Mitte ist ein kleines Glashütchen angebracht, welches auf der Nadelspitze ruht. Die Arme sind unter einem Winkel von 45 Grad gegen die horizontale Ebene geneigt. Unterhalb des Rades ist ein Ring von feinem Platindrahte befestigt, dessen Enden durch das Glas gehen. Ein Aluminiumpol ist am oberen Ende eingeschmolzen, und das Gefäss bis zu einem hohen Grade luftleer gemacht.

Verbindet man nun den Aluminiumpol mit dem positiven und den Platinring mit dem negativen Pol eines Inductionsapparates, so beginnen die Flügel augenblicklich in Folge der von dem Platinring ausströmenden elektrischen Wellen zu rotiren, was ja nach dem vorhergehenden Versuche zu erwarten war. Schaltet man aber nun die Inductionsrolle ganz und gar aus und verbindet die beiden Enden des Platinringes mit einer kleinen galvanischen Batterie, welche den Ring rothglühend zu machen vermag, so dreht sich das Rad in Folge der ausgestrahlten Wärme eben so rasch, wie unter dem Einfluss der elektrischen Wellenbewegung. Dieser Versuch bestätigt übrigens in recht deutlicher Weise die erwähnte Thatsache, dass die erwärmten Wände des Radiometergefässes auf die Radiometerflügel eine abstossende Wirkung ausüben. Das Ergebniss der soeben im Auszuge wiedergegebenen Untersuchungen von *Crookes* und Anderen über die mechanische Wirkung der Wärme- und Elektricitätsstrahlen lässt sich in folgenden Sätzen kurz zusammenfassen: 1. Ein bestrahlter ebener Radiometerflügel sucht mit der wärmeren Seite zurückzuweichen. 2. Ein erwärmter gekrümmter Radiometerflügel sucht mit der convexen Seite zurückzuweichen. 3. Ein einer erwärmten oder elektrische Strahlen aussendenden Fläche gegenüber aufgehängter Radiometerflügel sucht von dieser zurückzuweichen. Ganz allgemein lassen sich die vorstehenden Ergebnisse auf folgende Weise aussprechen: „Ein Flächenelement, in welches Aetherschwingungen aus der verdünnten Luft (aus einem dünneren Medium) ein- oder aus welchem solche Wellen in dieselbe austreten, erfährt eine Zurückstossung, welche der Intensität der wirksamen Strahlung proportional ist.“ Die verschiedenen Erscheinungen, welche dem ersten Falle entsprechen, sind bereits oben nach dem Princip des *Segner*schen Wasserrades durch den Rückstoss erklärt worden, welchen die auf der einen Seite stärker ausstrahlenden Wellen ausüben. Die Erscheinungen dagegen, welche der zweite Fall darbietet, lassen sich daraus nicht ohne Weiteres erklären, lassen sich aber im Principe darauf zurückführen; denn in allen diesen Fällen wird der Rückstoss bedingt durch diejenigen Wellen, welche von den Flügeln reflectirt werden und darum wie der Winddruck bei den Windmühlen eine Rotation der Flügel bewirken. Die wirklich eingedrungenen Wellen können beispielsweise in dem Radiometer mit den Glimmerflügeln keinen Einfluss auf die Bewegung ausüben, da sie ohne Absorption hindurchgehen und deshalb dem mechanischen System der Flügel gar nicht immanent werden. Ein *Halladay*'scher Windmotor oder eine mit durchlöcherten Flügeln versehene Schraube, welche durch den Stoss strömenden Wassers in Rotation versetzt wird, würde ein bis ins Einzelne zutreffendes Bild dieser Radiometerbewegungen geben.

3. Druck- und Lichtwirkungen der Aetherstrahlen.

I. Ferner hat Herr *Albert von Obermayer* in einer Abhandlung, welche in der Sitzung vom 17. April 1890 der Wiener Academie vorgelegt wurde, durch verschiedene Versuche nachgewiesen, dass die elektrische Druckwirkung auch in atmosphärischer Luft stattfindet. Derselbe hat beobachtet, dass bis zu 2200 g Papier, d. h. etwa 200 Bogen (klein Concept), durch die aus einer oder mehreren Spitzen erfolgende Entladung des Stromes einer Doppelinfluenzmaschine gegen eine verticalstehende Kupferplatte von 50 cm Durchmesser gedrückt und daran festgehalten wurden. Bei der Anwendung von zwei Doppelinfluenzmaschinen waren unter Umständen zur seitlichen Verschiebung einer Lage von 10 Bogen Papier auf dieser Platte bis zu 22 kg erforderlich. Da nun der Reibungscoefficient von Papier auf Kupfer ungefähr gleich 0,65 ist, so beträgt demnach der das Papier an der Platte festhaltende Druck 22 : 0,65 = 34 kg, also 0,017 kg pro qcm. Wenn der Abstand der Spitze von der Platte derselbe bleibt, so wird die Grösse des Druckes fast gar nicht geändert, wenn man zur Entladung zwei oder vier Spitzen anwendet oder auch die Influenzmaschinen nebeneinander kuppelt. Dagegen nimmt der Druck im luftverdünnten Raume proportional dem Luftdrucke ab; denn das getragene Papiergewicht ist dem Luftdrucke nahezu proportional. Dieser Umstand würde zu der Ansicht berechtigen, dass der Luftdruck, der beispielsweise durch Austreiben der Luft zwischen den Papierblättern rege gemacht worden ist, die Ursache der obigen Erscheinung ist. Diese Ansicht ist jedoch aus dem einfachen Grunde nicht haltbar, weil, Gleichheit der wirksamen Kräfte vorausgesetzt, durch den Druck der aus einem Ventilator ausströmenden Luft so kräftige Wirkungen nicht erzielt werden. Freilich wurden die Papierblätter auch bei Anwendung des elektrischen Stromes mit bedeutend geringeren Kräften festgehalten, wenn man sie auf ein weitmaschiges Drahtnetz legt; allein auch in diesem Falle sind die durch den elektrischen Strom erzeugten Druckkräfte erheblich grösser, als diejenigen eines durch einen Ventilator gegen die Papierfläche getriebenen Luftstromes. Ein Ventilator, dessen Oeffnung eine Weite von 3 cm hatte und durch eine halbe Pferdekraft angetrieben wurde, konnte durch den Luftstrom noch nicht einen so starken Druck wie die Influenzmaschine bewirken. Mit Recht lässt sich daher aus den Beobachtungen von *Obermayer* die Schlussfolgerung ziehen, dass unter dem Einflusse der Spitzenentladung zwischen den die Elektricität fortpflanzenden Halbleitern und den Leitern, an welche sie die Elektricität abgeben, eine Druckwirkung durch die elektrischen Schwingungen in ähnlicher Weise wie bei dem oben besprochenen Crookesschen Apparat ausgeübt wird.

Wenn auch der Umstand, dass die Druckwirkung mit der Verdünnung der Luft geringer wird, mit der Erklärung derselben durch den Stoss der elektrischen Strahlen übereinstimmt, so dürften zur endgültigen Entscheidung dieser Frage noch eingehendere und umfassendere Versuche erforderlich sein, als bis jetzt angestellt worden sind.

Im Anschluss an diesen Versuch möchte ich noch das folgende interessante Experiment von *Crookes* erwähnen und beschreiben, da sich dasselbe zu genauen Messungen der elektrischen Druckwirkung ausserordentlich eignet und zugleich beweist, dass die zurückstossende Kraft der elektrischen Schwingungen sich nicht bloss auf die zusammenhängenden Atomkonglomerate fester Körper, sondern auch auf die einzelnen Atome und Moleküle erstreckt. Wenn nämlich der negative Pol eines Inductionsstromes durch eine luftleere Röhre hindurchgeht, so sieht man, dass denselben ein dunkler Raum umgiebt. Man findet, dass dieser dunkle Raum bei Veränderung des Grades der Luftverdünnung grösser oder kleiner wird und zwar in derselben Weise wie der Druck abnimmt oder wächst.

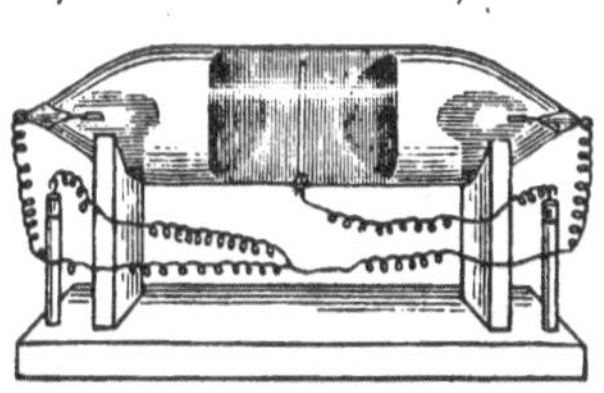

Nun sind aber nach dem verbesserten Gesetze *Mariotte*'s die Drucke dem Zwischenvolumen umgekehrt proportional; folglich nimmt der dunkle Raum beim Durchgange des Inductionsstromes durch die Röhre in derselben Weise wie das Zwischenvolumen ab oder zu, derselbe macht also die aus der verbesserten Regel *Mariotte*'s erschlossene Zwischenvolumenänderung dem leiblichen Auge sichtbar. Auf welche Weise vermag jedoch der Inductionsstrom diese Wirkung hervorzubringen? Nach meinen Untersuchungen ist die Elektricität eine schwingende Bewegung des Aethers. Die einzelnen Moleküle des Gasresiduums können gemäss ihrem Absorptions- und Emissionsvermögen nur eine ganz bestimmte Strahlenmenge aufnehmen und weiter fortpflanzen. Wächst hingegen die auf sie ausgestrahlte Wellenmenge, so müssen sie ihre Temperatur oder besser die ihnen eigenthümliche Schwingungsart ändern, wie man dies beim Bestrahlen fester Körper durch Wärmestrahlen genugsam beobachtet hat.

Die von dem Inductionsstrom ausgestrahlte Wellenmenge regulirt also den Vibrationszustand des zurückgebliebenen Gasresidiums. *Die von den einzelnen Gastheilchen ausgesandten Wellen bestimmen die Entfernung der Theilchen untereinander und somit im Verein mit der von dem negativen Pol constant ausgehenden Wellenmenge das relative Zwischenvolumen.* Da nun der Inductionsstrom bei sämmtlichen Versuchen von *Crookes* als constant anzusehen ist, so wird das relative Zwischenvolumen, d. h. der dunkle Raum um den negativen Pol, lediglich durch die Dichte des zurückgebliebenen Gases oder richtiger durch die von den Gastheilchen ausgesandten Wellen, d. h. durch die Spannung des Gases bestimmt.

Je geringer die innere Spannung des Gases ist, um so grösser ist das Zwischenvolumen, um so grösser demnach auch der dunkle Raum. Die Moleküle werden durch die Reactionswirkung zwischen den Wellen, welche von den einzelnen Molekülen und von dem Inductionspole ausgehen, von dem Pole zurückgestossen, weil die von demselben kommenden Wellen überwiegen, und müssen demnach selbst mehr zusammengedrängt werden. Da sie selbst, wie bereits bemerkt worden ist, in einen lebhaften Vibrationszustand versetzt worden sind, so erklärt sich ihr Leuchten in höchst einfacher Weise nach der Undulationstheorie des Lichtes. Der auf diese Weise gebildete dunkle Raum kann durch das Experiment sichtbar gemacht werden, wie die letzte Figur beweist.

Dass die von den materiellen Theilchen ausgehenden Aetherwellen wirklich einen Rückstoss bedingen, ergiebt sich aus den bereits besprochenen Radiometerbewegungen; denn die mechanischen Gesetze, welche für Atomkonglomerate gelten, müssen auch für die Bestandtheile derselben, also für die einzelnen Moleküle und Atome, Giltigkeit behalten. Eine Bestätigung der hier vertretenen Ansicht erhält man auf einfache Weise dadurch, dass man bei constant bleibendem Gasresiduum die Intensität des Inductionsstromes verändert. Es wird sich dann zeigen, dass innerhalb der Grenzen, in welchen die vorstehenden Erscheinungen stattfinden, die Grösse des dunklen Raumes lediglich von der Spannung und Stärke des elektrischen Stromes abhängt. Es ist nur zu bedauern, dass *Crookes* mit seinen vorzüglichen Apparaten nur qualitative, aber nicht quantitative Versuche angestellt hat.

II. Durch den molekularen Druck, welcher von ausströmenden Aetherwellen erzeugt wird, werden natürlich die einzelnen Molekeln gerade an der Stelle, wo sich der Gegendruck derselben und derjenige der vom Pole kommenden Wellen das Gleichgewicht halten, eng zusammengedrängt sein und in Folge der lebhafteren Vibrationen, in welche sie durch die absorbirten Wellen versetzt worden sind, ein intensives Leuchten bewirken.

Uebrigens bedingt auch der positive Pol, der ebenfalls Wellen aussendet, ein Leuchten der daselbst zusammengedrängten Molekeln, wie dies auch in der vorstehenden Figur an den beiden leuchtenden Büscheln zu erkennen ist und besonders durch die Versuche deutscher Forscher im Anschluss an die *Crookes*'schen Versuche nachgewiesen ist. — In Gefässen mit niederen Graden der Entleerung ist die Entfernung zwischen den einzelnen Molekeln bedeutend geringer, dieselben liegen darum dichter an- und hintereinander, und es lassen sich deshalb die Eigenschaften beobachten, welche dem gewöhnlichen Gaszustande der Materie angehören. Die Entladung der elektrischen Schwingungen kann in diesem Falle nur stossweise geschehen, wie bei dem Entladen der Leydener Flasche. Da die Molekeln wegen ihrer ausserordentlich grossen Zahl dicht an- und hintereinander gelagert sind, so werden naturgemäss hauptsächlich die ersten Molekelschichten die elektrischen Schwingungen absorbiren und in Schwingungen versetzt werden und dieselben nach allen Seiten hin wieder aussenden, wodurch sie sich selbst einerseits von dem Pol fortdrängen, andererseits aber auch in ähnlicher Weise auf die ihnen benachbarten Schichten einwirken müssen. Auf diese Weise erklärt sich auch die schichtförmige Vertheilung der zurückgebliebenen Gastheilchen, welche von einzelnen dunklen Zwischenräumen getrennt sind.

Um die vorstehenden theoretischen und experimentellen Darlegungen nicht zu weit auszuspinnen, verzichte ich hier darauf näher einzugehen und beschränke mich darauf, von den übrigen Eigenschaften der strahlenden Materie nur die Schattenbildung und die Concentration der Strahlen durch kugelförmige Pole durch die folgenden leicht verständlichen Figuren zu kennzeichnen.

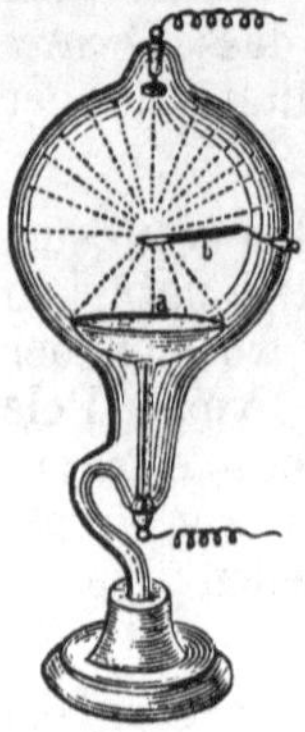

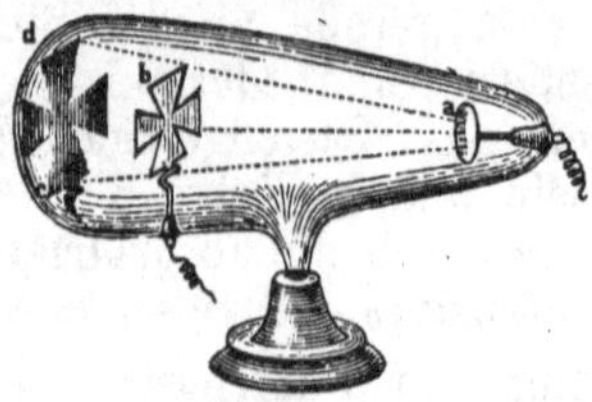

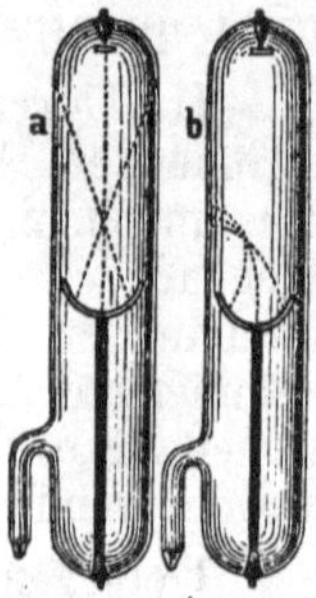

Ich möchte hier noch folgende Bemerkung machen. Da nach den oben angestellten theoretischen Erörterungen die von den Polen sowie von den einzelnen Molekeln ausgesandten Wellen die beobachteten Erscheinungen bedingen sollen und zwar durch Absorption und Emission, so muss ich, wenn diese Erklärung richtig sein soll, besonders im Hinblick auf den diesbezüglichen Fundamentalversuch von *Crookes* den experimentellen Nachweis führen, dass thatsächlich das Absorptions- und Emissionsvermögen der verdünnten Gase und damit auch der einzelnen Gasmolekeln dem Zwischenvolumen der Gase selbst oder dem durch den Inductionsstrom erzeugten dunklen Raume umgekehrt proportional ist. Nun ist aber in meinem Vortrage vor der Physikalischen Gesellschaft über Absorption und Emission bewiesen worden, dass das Absorptions- und Emissionsvermögen für sämmtliche bekannten Aetherschwingungen der brechenden Kraft direct proportional, diese selbst aber dem Zwischenvolumen umgekehrt proportional ist. Hieraus folgt unmittelbar, dass thatsächlich das Absorptionsvermögen die geforderte Beziehung zum Zwischenvolumen besitzt und die von mir gegebene theoretische Erklärung der besprochenen Strahlungsvorgänge mit dem Experiment übereinstimmt. Betreffs der Concentration der Strahlen durch hohlkugelförmige Pole, wie dies die beiden letzten Figuren zeigen, habe ich noch zu bemerken, dass dies nur darum möglich ist, weil die Metalle wegen der Grösse ihrer Brechungsexponenten und wegen der davon abhängigen Grösse des Brechungsexponenten fast vollkommen normal zur Oberfläche Aetherwellen auszusenden vermögen, während die übrigen Wellen, ins Innere total reflectirt werden. Nebenstehende Figur zeigt schematisch die totale Reflexion und die aus dem dichteren in das dünnere Medium ausgestrahlten Wellen.

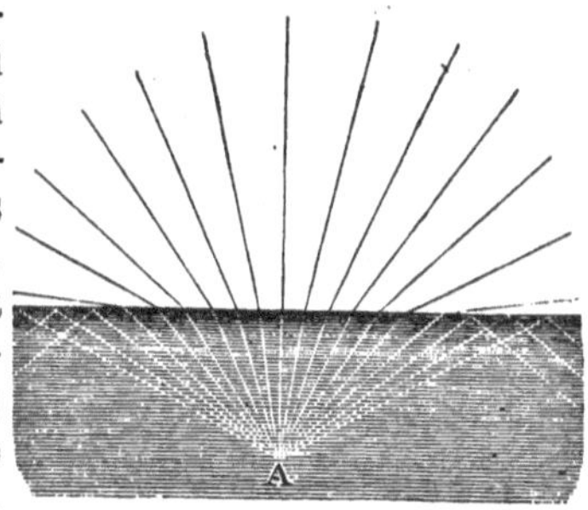

Wie bereits in der Einleitung dieses Aufsatzes erwähnt worden ist, hat Herr *Nicola Tesla* die Crookes'schen Versuche dadurch, dass er Wechselströme von ausserordentlich hoher Wechselzahl benutzte, auch in atmosphärischer Luft ohne Schwierigkeit wiederholt und so nicht nur höchst wunderbare Phänomene hervorgerufen, sondern auch die praktische Verwendung der Aethervibrationen der Elektricität angebahnt, namentlich aber der elektrischen Beleuchtung und Kraftübertragung ganz neue Bahnen eröffnet, deren weitere Verfolgung zu den glänzendsten und fruchtbringendsten Ergebnissen der modernen Technik zu führen verspricht. Veröffentlicht hat *Tesla* seine Forschungsergebnisse in „The Electrical Engineer" am 8. Juli 1891 und darüber auch in diesem Jahre am 18. Februar vor der „Société française de Physique" zu Paris einen Vortrag gehalten, in welchem er seine hauptsächlichsten Versuche über die Wechselströme mit hoher Wechselzahl wiederholte. Berichtet ist hierüber in „La lumière électrique". Da jedoch *Tesla* die Crookesschen Versuche sämmtlich und zwar in vollkommener Form wiederholt hat, so beschränke ich mich, zumal da man zum Zwecke eines eingehenderen Studiums die soeben erwähnte Originalabhandlung im „Engineering" zu Hilfe nehmen muss, an dieser Stelle nur darauf, auf die von ihm erzielten Lichtwirkungen kurz hinzuweisen. Auf Grund seiner Versuche hält *Tesla* das Bombardement des Knopfes seitens der in der Lampenbirne verbliebenen Luftheilchen für die bestimmende Ursache der Lichtwirkungen, wie dies auch nach *Crookes* bei dem in vorstehender Figur dargestellten Platinstückchen der Fall ist; ausserdem hängt das Leuchten des Knopfes noch von der Beschaffenheit der benutzten Substanz ab. Wenn drei

Lampen mit je einem Knopfe hintereinander an je einem und demselben Draht befestigt werden, so leuchtet die mittlere stets schwächer als die beiden anderen, weil sie durch diese gegen die Condensatorwirkungen geschützt wird. Bei einem anderen Versuch wird ein luftleerer Glascylinder mit einer sehr dünnen Metallschicht umgeben, während ein äusserer in der Mitte befindlicher Metallring mit einer der Klemmen der Spule in Verbindung steht. Gegen alle Erwartung leuchtet die Röhre unter dem Metall und beweist dadurch evident, dass die Elektricität bei gewissen Umständen das Metall zu durchdringen vermag. Zum Schluss zeigte Herr *Tesla* das Zukunftsideal der elektrischen Beleuchtung eines Raumes, indem er unter einem isolirten metallischen Plafond, der mit der einen Spulenklemme in Verbindung stand, luftleere Röhren legte und so

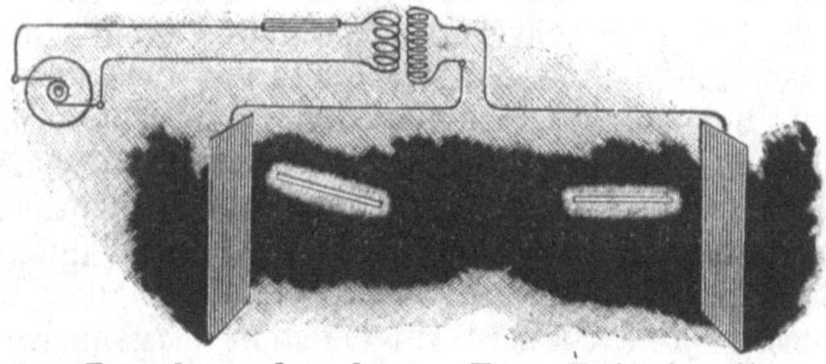

diese zum Leuchten brachte. Das Princip dieser neuen Art der elektrischen Beleuchtung erhellt aus der vorstehenden Figur, welche aus der Originalabhandlung *Tesla*'s im „Engineering" vom 8. Juli 1891 entnommen ist.

Tesla erwartet mit vollem Recht von dieser Beleuchtung in der Zukunft glänzende Erfolge, da sie, was die Handhabung und Gefahrlosigkeit anbetrifft, die bisherige elektrische Art der Beleuchtung übertrifft und bei weiterer Vervollkommnung dieselbe umzugestalten geeignet zu sein scheint. Indessen bemerkt *Tesla* in Bezug auf diesen interessanten Versuch, dass erst die Zukunft endgültig darüber entscheiden könne, wie gross die praktische Anwendbarkeit dieses Princips sei und welche Tragweite demselben darum zugestanden werden müsse. Doch die technischen Erfinder werden diese wichtige Frage hoffentlich bald in Fluss und zum Austrag bringen.

III. Kapitel.

Ueber Fortpflanzung der Aetherwellen durch Leitung.

I.

In diesem Kapitel soll nicht etwa eine vollständige mathematische Theorie der Wärme- und Elektricitätsleitung gegeben werden — die Lichtleitung kommt nicht in Betracht —, sondern es sollen im Gegentheil die Hypothesen der bereits vorhandenen Theorien durch die Absorptionstheorie *Sellmeier's* begründet und dann aus der Uebereinstimmung derselben mit den ersteren weitere Schlussfolgerungen gezogen werden. Es liegt mir demnach ob, die Grundannahmen, auf welchen sich die mathematische Theorie der Wärmeleitung und der damit übereinstimmenden Elektricitätsleitung gründet, als nothwendige Folgerungen der *Sellmeier*'schen Absorptionstheorie nachzuweisen. Die Grundannahmen, welche zur Entwickelung einer mathematischen Theorie der Wärmebewegung in festen Körpern nothwendig und ausreichend sind, sind die beiden folgenden Hypothesen: Erstens findet bei den festen Körpern eine unmittelbare Wirkung der Wärme nur in unbeschränkt kleiner Entfernung statt, sei es nun, dass sie für weitere Entfernungen entweder wirklich aufhört oder nur wegen ihrer Kleinheit sich den Sinnen entzieht, zweitens ist die Wirkung zwischen zwei unbeschränkt nahen Theilen dem Unterschied der Wärmemenge oder Temperatur proportional und zwar erfolgt dieselbe als eine ausgleichende so, dass der wärmere Theil an den weniger warmen etwas abgiebt. Auf diese beiden Voraussetzungen kommt jede Lehre von der Wärmebewegung schliesslich zurück, mag man die Wärme als einen Stoff ansehen oder, wie die Analogie anderer physikalischer Erscheinungen fordert, als lebendige Kraft, hervorgebracht durch die wellenförmige Bewegung des Aethers.

Diese Anschauung ist berechtigt, sobald sich nachweisen lässt, dass bei den festen Körpern die Absorption der Strahlen in der Weise erfolgt, dass dieselben bereits durch Schichten vollständig absorbirt werden, welche die Dicke der Atomschichten nicht zu weit übertreffen; denn dann wird das Quadrat der körperlichen Schichtdicke verschwindend klein werden, und damit der Bedingung genügt, welche nach der Theorie die Dicke der Atomschichten, bezüglich das Bereich der unmittelbaren Wärmewirkung im Körper erfüllen muss.

Nun ist nach der Absorptionstheorie *Sellmeier's* die Intensität der absorbirten Strahlen

$$J = (n^2 - 1) \cdot \frac{2\,\pi^2}{\tau^2} \cdot m^1\,(a^1)^2.$$

Ich bezeichne die Intensität der wirklich in die Schicht eingedrungenen Strahlen mit J_0 und denke mir durch Verdichtung oder Verdünnung m^1 und damit $n^2 - 1$ so verändert, dass $J = 0{,}9\,J_0$ wird; dann ist $J = 0{,}9\,J_0 = (n^2 - 1) \cdot \frac{2\,\pi^2}{\tau^2} \cdot m^1\,(a^1)^2$. Die absorbirte Strahlenmenge kann man jedoch noch auf andere Weise erhalten, indem man den sogenannten Schwächungscoefficienten bestimmt, d. h. den Bruchtheil der eingetretenen Strahlen, welcher in einer Schicht von der Dicke 1 zurückgehalten wird. Wenn der Schwächungscoefficient a ist, so wird nach *Kirchhoff*'s Anschauung über das Wesen der Absorption die Intensität J nach Durchstrahlung einer Schicht von h^{mm} gleich $J_0\,a^h$ sein. Nennt man nun die Dicke der Schicht, in welcher die Intensität der Strahlen auf 0,1 geschwächt wird, $\frac{1}{\alpha}$, so ist ferner

$$0{,}1\,J_0 = J_0\,a^{\frac{1}{\alpha}};\quad 10^{-1} = a^{\frac{1}{\alpha}};\quad 10^{-\alpha} = a$$

oder:
$$J^1 = J_0\,10^{-\alpha h} = J_0 \,.\, e^{-m\alpha h},$$

wenn hierin e die Basis des natürlichen Logarithmensystems und m der natürliche Logarithmus von 10 ist. Da J^1 die durchgelassene Strahlenmenge bedeutet, so erhält man die zurückgehaltene dadurch, dass man J^1 von J_0 subtrahirt.

Demnach ist

$$J = J_0 - J^1 = J_0 - J_0 \,.\, e^{-m\alpha h}$$

$$J = J_0\left(1 - e^{-m\alpha h}\right).$$

Nun ist aber

$$e^{-m\alpha h} = 1 - m\alpha h + \frac{m^2\alpha^2 h^2}{1\,.\,2} - \frac{m^3\alpha^3 h^3}{1\,.\,2\,.\,3} + - \ldots;$$

folglich ist

$$J = J_0\left(1 - (1 - m\alpha h + \frac{m^2\alpha^2 h^2}{1\,.\,2} - \frac{m^3\alpha^3 h^3}{1\,.\,2\,.\,3} + \ldots)\right)$$

oder

$$J = J_0\,(m\alpha h - \frac{m^2\alpha^2 h^2}{1\,.\,2} + \frac{m^3\alpha^3 h^3}{1\,.\,2\,.\,3} - + \ldots).$$

Da man aber den Werth von h so klein wählen kann, wie man will, und α nach den angestellten Beobachtungen ein sehr kleiner echter Bruch ist, so kann man mit grosser Annäherung setzen

$$J = J_0 \, m \, \alpha \, h.$$

Die beiden für J ermittelten Werthe sind also

$$J = (n^2 - 1) \cdot \frac{2\pi^2}{\tau^2} \cdot m^1 (a^1)^2$$

und

$$J = J_0 \, m \, \alpha \, h.$$

Durch Gleichsetzung derselben erhält man

$$(n^2 - 1) \frac{2\pi^2}{\tau^2} \cdot m^1 (a^1)^2 = J_0 \, . \, m \, \alpha \, h,$$

oder

$$\frac{n^2 - 1}{\alpha} = \frac{J_0 \, . \, m \, h \, . \, \tau^2}{2\pi^2 \, . \, (a^1)^2 \, . \, m^1}.$$

Die Grössen J_0 und h können willkürlich gewählt werden, sind also als constant zu betrachten; die übrigen Grössen der rechten Seite sind aber, wie bereits im vorigen Kapitel begründet wurde, bei gleichartigen Stoffen ebenfalls constant; folglich ist der Quotient $\frac{n^2 - 1}{\alpha}$ eine constante Grösse. Es ist demnach zu setzen $\frac{n^2 - 1}{\alpha} = C$ oder $n^2 - 1 = C \, . \, \alpha$, d. h. *die brechende Kraft eines Mittels ist der Grösse* α, *dem sogenannten Exstinctionscoefficienten direct proportional.* Bezeichnet man nun den Exstinctionscoefficienten des Chlorgases mit α, den des Silbers mit α_1 und die brechenden Kräfte bezüglich mit $n^2 - 1$ und $n_1^2 - 1$, so muss sich

$$n^2 - 1 : \alpha = n_1^2 - 1 : \alpha_1$$

verhalten. Hieraus folgt

$$\alpha_1 = \frac{(n_1^2 - 1) \, . \, \alpha}{n^2 - 1}.$$

Nach den Beobachtungen von *Roskoe* und *Bunsen* ist $\alpha = 0{,}00577$ für Lichtstrahlen und daher auch für Wärmestrahlen davon nicht sehr verschieden; nach *Quincke* ist $n_1^2 - 1 = 100$, bezüglich $= 150$; ferner ist $n^2 - 1 = 0{,}001544$; folglich ist für Silber

$$\alpha_1 = \frac{100 \, . \, 0{,}00577}{0{,}001544} = \frac{0{,}577}{0{,}001544} = 400 \text{ (abgerundet).}$$

oder

$$\alpha_1 = \frac{150 \, . \, 0{,}00577}{0{,}001544} = 600 \text{ (abgerundet);}$$

also ist $\frac{1}{\alpha_1} = 0{,}0025 = 25 \,.\, 10^{-4}$ mm,

bezüglich $\frac{1}{\alpha_1} = 0{,}0016 = 16 \,.\, 10^{-4}$ mm.

Es heisst dies, dass in einer Silberschicht von der Dicke $16 \,.\, 10^{-4}$ mm die Intensität der Strahlen auf ein Zehntel geschwächt wird. Dies mittelst der Sellmeier'schen Absorptionstheorie abgeleitete Resultat stimmt mit den von *O. Wien* angestellten Versuchen annähernd überein. Die diesbezüglichen Versuche sind in den „Annalen der Physik und Chemie" N. F. 35, 1888, S. 48 veröffentlicht. Die Beobachtungen *Wien*'s beziehen sich sowohl auf die leuchtenden als auch auf die nichtleuchtenden Wärmestrahlen. Die Dicke der Metallschichten wurde nach den von *Quincke* angegebenen Methoden gemessen (*Quincke,* Pogg. Ann. 129, S. 178, 1866). Hiernach wurde Silber durch Auflegen von Jod in Jodsilber verwandelt und aus den entstehenden Farben dünner Blättchen auf die Dicke des Silbers geschlossen. Bei anderen Metallen entfernte *Wien* einen Theil der Schicht in der Weise, dass ein glatter Rand entstand; auf diesen wurde vermittelst Schrauben ein schwaches Convexglas so gedrückt, dass newtonsche Ringe entstanden. Die Farbe der an den Rand des Metalles anliegenden Luftschicht gab die Dicke der Schicht, wenn auch wegen der Dünne der Schichten nicht sehr genau.

Berechnet man mittelst der Formel $J = J_0 \,.\, 10^{-\alpha h}$ und der Beobachtungen von *Wien* den Werth α, so findet man für Silber als Grenzwerth für $\frac{1}{\alpha}$ rund $6 \,.\, 10^{-5}$ mm, während nach der Absorptionstheorie *Sellmeier*'s als ungefähre Grenze dafür 10^{-3} mm sich ergeben hat.

Die beobachtete Schichtdicke ist also ungefähr 16 mal so klein als die von mir theoretisch gefundene; beide Werthe sind demnach beinahe von derselben Grössenordnung. Die Abweichung der nach *Sellmeier*'s Theorie ermittelten Zahlen ist einerseits dadurch bedingt, dass die allerdings nicht bedeutende Aenderung der Amplitude beim Uebergang aus dem gasförmigen in den flüssigen und festen Zustand nicht berücksichtigt worden ist, andererseits aber und zwar hauptsächlich dadurch veranlasst, dass der benutzte Werth des Estinctionscoefficienten des Chlors nicht für die Wärme, sondern für das Licht bestimmt ist. Die Annäherung zwischen der Theorie und der Beobachtung kann daher kaum grösser sein und ist um ein Bedeutendes grösser, als diejenige zwischen den Beobachtungswerthen und den nach der elektro-magnetischen Lichttheorie *Maxwall's* gefundenen Werthen.

Zur Vergleichung lasse ich hier die Berechnung der Schichtdicke des Silbers (Ag_2) nach der Maxwell'schen Theorie in der Form folgen, wie man sie in den Annalen a. a. O. findet. Es ist nach dieser Theorie e^{-2pZ} die Intensität des durch eine Schicht von der Dicke Z durchgelassenen Lichtes, wenn $p = 2\pi \, . \, u \, . \, l \, . V$, V die Fortpflanzungsgeschwindigkeit der Wellen, C das specifische Leitungsvermögen in absolutem elektro-magnetischen Maasse, $u = 1 + 4\pi k$, k die magnetische Polarisationsconstante ist. Die letztere ist bei Silber $= o$, also $u = 1$; V ist annähernd $= 3 \, . \, 10^{11} \frac{\text{mm}}{\text{Secunde}}$.

Seien nun ν_{ag} und ν_{hg} die specifischen Widerstände des Silbers und Quecksilbers, c_{ag} und c_{hg} die entsprechenden Leitungsvermögen, so ist, wenn ε das Verhältniss der Quecksilbereinheit zum Ohm bezeichnet:

$$\nu_{hg} \frac{1000}{(\text{mm})} = \varepsilon \, . \, 10^{10} \frac{(\text{mm})}{\text{Secunde}}, \quad \nu_{hg} = \varepsilon \, . \, 10^{7} \frac{(\text{mm})^2}{\text{Secunde}},$$

$$c_{hg} = \frac{1}{\varepsilon} \, . \, 10^{-7} \frac{\text{Secunde}}{(\text{mm})^2}.$$

Es ist nach *Matthiessen:* $c_{ag} = \frac{100}{1{,}63}$, $c_{hg} = C$,

also $C = \frac{10^{-5}}{\varepsilon \, . \, 1{,}63} \cdot \frac{\text{Secunde}}{(\text{mm})^2}$; Z war $= 39{,}5 \, . \, 10^{-6}$ mm;

also ist

$$2pZ = \frac{4\pi \, . \, 10^{-5} \, . \, 3 \, . \, 10^{11} \, . \, 39{,}5 \, . \, 10^{-6}}{\varepsilon \, . \, 1{,}63} = \frac{4\pi \, . \, 3 \, . \, 39{,}5}{\varepsilon \, . \, 1{,}63}.$$

Daraus:
$$e^{-2pZ} = \frac{1}{17 \, . \, 10^{372}}.$$

Umgekehrt würde die beobachtete Intensität durch eine Schicht von der Dicke $89{,}7 \, . \, 10^{-9}$ gehen. Man sieht, dass diese Grössenordnung von der beobachteten gänzlich verschieden ist, und zwar ist die Absorption eine weit geringere, als sie nach Maxwell's Theorie sein sollte, nämlich um $\frac{6 \,.\, 10^{-5}}{89{,}7 \,.\, 10^{-9}}$ oder rund um das 500 bis 700 fache kleiner.

Fassen wir nun das Resultat der vorstehenden Auseinandersetzungen kurz zusammen, so ergiebt sich, dass die Körperschichten, welche die eindringende Wärme fast vollständig absorbiren, ausserordentlich dünn sind, und dass darum, da ja ihre Dicke kaum 10^{-3} mm überschreitet, die höheren Potenzen dieser Dicke im Verhältniss zur einfachen Dicke verschwindend klein sind. Hieraus folgt, dass die unmittelbare Wirkung der Wärme im festen Körper thatsächlich nur in sehr kleiner Entfernung stattfindet und die diesbezügliche Annahme der mathematischen Wärmetheorie vollkommen berechtigt ist. Die zweite Annahme der Wärmetheorie, dass diese Wirkung der Wärme von Schicht zu Schicht der Temperaturdifferenz der nebeneinanderliegenden Schichten direct proportional ist, ist eine unmittelbare Folge des oben aufgestellten Emissionsgesetzes und somit ebenfalls als gesichert anzusehen. Die dargestellte Erklärung der Wärmeleitung durch Wärmeabsorption und Emission von Schicht zu Schicht stimmt also mit dem wirklichen Sachverhalt überein. Darnach muss sich die Wärme um so schneller fortpflanzen, je grösser der Exstinctionscoefficient der leitenden Substanz ist, *das Leitungsvermögen muss demselben also direct proportional sein.* Bezeichnet man nun das Leitungsvermögen mit L, bezüglich L_1 und die entsprechenden Exstinctionscoefficienten mit α und α_1, so muss sich demnach verhalten $L : L_1 = \alpha : \alpha_1$; es war aber $n^2 - 1 : n_1{}^2 - 1 = \alpha : \alpha_1$; folglich ist $L : L_1 = n^2 - 1 : n_1{}^2 - 1$, d. h. *das Leitungsvermögen ist der brechenden Kraft der Leiter direct proportional.* Nun verhält sich aber, wie bereits im vorigen Kapitel bewiesen ist,

$$n_0{}^2 - 1 : n^2_t - 1 = \frac{1}{T_0} : \frac{1}{T_t}; \text{ folglich ist auch}$$

$$L_0 : L_t : = \frac{1}{T_0} : \frac{1}{T_t},$$

d. h. *das Leitungsvermögen ist der absoluten Temperatur umgekehrt proportional.* Nun ist aber der Leitungswiderstand dem Leitungsvermögen umgekehrt proportional; folglich verhält sich

$$\frac{1}{W_0} : \frac{1}{W_t} = \frac{1}{T_0} : \frac{1}{T_t}$$

oder $$W_0 : W_t = T_0 : T_t\,.$$

In Worten heisst dies, *dass der Leitungswiderstand der absoluten Temperatur direct proportional ist.* Dies aus der Wellentheorie abgeleitete Gesetz ist bereits von früheren Forschern auf experimentellem Wege gefunden worden und führt, wenn man berücksichtigt, dass die brechende Kraft dem Zwischenvolumen bei derselben Substanz in allen Temperaturen umgekehrt proportional ist, zur Aufdeckung einer einfachen gesetzlichen Beziehung zwischen der Widerstandsänderung für die elektrische Leitung und dem auf das Zwischenvolumen bezogenen Ausdehnungscoefficienten der reinen Metalle. Was zunächst die hierher gehörigen Arbeiten älterer Forscher betrifft, so ist in erster Linie darauf hinzuweisen, dass bereits *Clausius* auf Grund der Untersuchungen von *Arendtsen* über den galvanischen Leitungswiderstand der Metalle bei verschiedenen Temperaturen die Vermuthung ausgesprochen hat, dass der Leitungswiderstand der einfachen Metalle im festen Zustande der absoluten Temperatur nahezu proportional sei, also für 1 ° C. im Mittel 0,0037 betrage. (cf. Pogg. Ann. Bd. 104, S. 650, 1858). Die Berechtigung dieser Vermuthung hat *Werner von Siemens* in seiner im Jahre 1861 in Poggendorff's Annalen veröffentlichten Abhandlung über die Widerstandsmaasse und die Abhängigkeit des Leitungswiderstandes der Metalle von der Temperatur nachgewiesen und die vorhandenen Abweichnungen bei einzelnen festen Metallen als Folgen von Verunreinigungen erklärt. Die Ansicht desselben, dass auch das Quecksilber, welches im flüssigen Zustande eine entschiedene Ausnahme macht, im starren Zustande und in genügendem Abstande vom Schmelzpunkte sich in seinem Verhalten betreffs des Leitungswiderstandes den anderen Metallen anschliessen werde, ist durch die bekannten, nur wenig von einander abweichenden Beobachtungen Dr. *Grunmach's* und Dr. *Weber's* über das Leitungsvermögen des festen Quecksilbers vollständig bestätigt worden. In der That ist entsprechend diesem von *Clausius* theoretisch begründeten Gesetze nicht nur nach den Beobachtungen von *Arendtsen,* sondern auch nach denjenigen von *Siemens, Matthiessen, Benoit* und *Lorentz* die Abnahme der galvanischen Leitungsfähigkeit für 1 ° C. im Mittel 0,0037, ein Werth, der nahe mit dem Ausdehnungscoefficienten der dem *Mariotte-Gay-Lussac*'schen

Gesetze folgenden Gase übereinstimmt. Die theoretische Erklärung und Begründung dieser Uebereinstimmung ist meines Wissens bisher noch nicht gegeben worden. Dieselbe ergiebt sich, wie wir gesehen haben, ohne weiteres aus dem Nachweise, dass die Elektricität ebenso wie die Wärme und das Licht eine Wellenbewegung des Aethers ist. Denn da nach dieser Anschauung der Aether der Träger der elektrischen Schwingungen ist und derselbe nur den zwischen den einzelnen Körpermolekülen befindlichen Raum ausfüllt, so kann auch nur dieser Zwischenraum, die eigentliche Wirkungssphäre der elektrischen Wellen, im wesentlichen den Widerstand bedingen, den dieselben beim Durchgang durch die Metalle erleiden; die Veränderung des galvanischen Leitungswiderstandes wird demnach der Zwischenvolumenänderung des metallischen Leiters direct proportional sein müssen. In der That beweisen die vorhandenen Beobachtungen, dass diese Beziehung bei den einfachen Metallen wirklich besteht, d. h. dass bei den einfachen Metallen nicht nur der elektrische Leitungswiderstand, sondern auch das Zwischenvolumen für 1 ° C. im Mittel um 0,0037 wächst. Hieraus folgt gleichzeitig, dass *die auf das Zwischenvolumen bezogenen Ausdehnungscoefficienten der Metalle einander gleich und zwar gleich dem Ausdehnungscoefficienten der Gase,* nämlich gleich 0,00367 oder $^1/_{273}$, *sind.* Im Jahrgang 1888 der Zeitschrift des deutschen Vereins zur Förderung der Luftschifffahrt habe ich nämlich das Gesetz aufgestellt, dass bei constantem Druck die Zwischenvolumina den zugeführten Wärmemengen, d. h. den absoluten Temperaturen, nicht nur bei den Gasen, sondern auch bei den festen und flüssigen Körpern direct proportional sind; berechnet man nun damit die Zwischenvolumina und deren Ausdehnungscoefficienten, so findet man, dass dieser auf das Zwischenvolumen bezogene Ausdehnungscoefficient bei sämmtlichen Metallen nahezu 0,00367 ist. Es folgt dies, um hier auch darauf noch nebenbei hinzuweisen, ebenfalls aus der allgemeinen Gültigkeit des *Dühring*'schen räumlichen Kraftbethätigungsgesetzes. Die Formel für das soeben abgeleitete Gesetz lautet, wenn man das Molekülvolumen des Volumens 1 mit x und die absoluten Temperaturen bei 0° und 100° *C.* mit T_0 und T_{100} und den gewöhnlichen linearen Ausdehnungscoefficienten der Metalle mit α bezeichnet,

$$\frac{1 - x}{1 + 3 \, . \, 100 \alpha - x} = \frac{T_0}{T_{100}} \text{ oder allgemeiner}$$

$$\frac{1 + 3 \, . \, t\alpha - x}{1 - x} = \frac{T_t}{T_0} = \frac{273 + t}{273},$$

$$1 + \frac{3 \, . \, t\alpha}{1 - x} = 1 + \frac{t}{273},$$

$$\text{also } \frac{3\alpha}{1 - x} = \frac{1}{273}.$$

Die mittelst der obigen Formel berechneten Werthe der Zwischenvolumenänderung müssen also, wie aus der letzten Gleichung folgt, für jeden Werth von α gleich dem Quotienten $\frac{1}{273}$ sein und würden keine beweisende Kraft beanspruchen können, wenn ihre Richtigkeit sich nicht noch auf einem anderen Wege darthun liesse. Dies ist durch die von *Dühring* erheblich verbesserte *Clapeyron*'sche Zustandsgleichung der Stoffe geschehen. Auf Grund dieser Zustandsgleichung erhält *Dühring* beispielsweise für den auf das Zwischenvolumen bezogenen Ausdehnungscoefficienten des flüssigen Quecksilbers den Werth $\frac{1}{270} = 0{,}004$ (cf. *E. Dühring,* Neue Grundgesetze der Physik und Chemie, 2. Folge). Dieser Werth stimmt mit der Aenderung des Leitungswiderstandes des festen Quecksilbers genügend überein.

Die Namen der Metalle	Zunahme des Leitungswiderstandes für 1° C. Arendtsen, Wiedemann.	Der auf das Zwischenvolumen bezogene Ausdehnungscoefficient: $\frac{3\alpha}{1-x}$	Der lineare Ausdehnungscoefficient: $100\,\alpha$ (Physik von Dr. Kayser S. 116.)	Das aus $\frac{3\alpha}{1-x} = \frac{1}{273}$ berechnete Zwischenvolumen: $1 - x$. = rund.
Platin . .	0,0032724	0,0036	0,000886	0,00726 = $^1/_{140}$
Aluminium	0,0036386	„	0,002336	0,01913 = $^1/_{52}$
Silber . .	0,0034142	„	0,001930	0,01581 = $^1/_{64}$
Kupfer . .	0,0036889	„	0,001718	0,01407 = $^1/_{70}$
Blei . . .	0,00376768	„	0,00290	0,02375 = $^1/_{42}$
Eisen . .	0,0041304	„	0,001182	0,00968 = $^1/_{103}$
Gold . .	0,0036745	„	0,001466	0,01200 = $^1/_{84}$
Zinn . .	0,0036029	„	0,00229	0,01855 = $^1/_{54}$
Zink . .	0,0037047	„	0,00291	0,02383 = $^1/_{42}$
Quecksilber	0,0038 (Weber)	0,0040 (Dühring)	0,00600	0,04955 = $^1/_{20}$; 0,0451 = $^1/_{22}$ (Dühring) } $^1/_{21}$ (Mittel)

— Der nach der obigen Formel berechnete Ausdehnungscoefficient $\frac{3\alpha}{1-x} = \frac{1}{273}$ ist zum Beweise der aufgestellten gesetzlichen Beziehung zwischen dem Leitungswiderstande und dem Zwischenvolumen in der vorstehenden Tabelle mit den von *Arendtsen,* bezüglich von *Wiedemann* beobachteten Veränderungen des galvanischen Leitungsvermögens für 1^0 C. zusammengestellt worden.

Die hier constatirte Beziehung zwischen dem elektrischen Leitungswiderstand und den auf das Zwischenvolumen bezogenen Ausdehnungscoefficienten der einfachen Metalle behält nach den Forderungen der Theorie in gewissem Sinne auch in dem flüssigen und dampfförmigen Aggregatzustande ihre Gültigkeit; indessen lässt sich diese theoretische Folgerung aus Mangel an den erforderlichen Beobachtungen experimentell noch nicht prüfen.

Die reciproken Zwischenvolumina der angeführten Elemente verhalten sich, in der Reihenfolge vom Quecksilber zum Platin genommen, wie 1 : 2 : 2,5 : 4 : 5 : 2 : 3 : 2,5 : 6,5; dieselben sind also einfache Vielfache von einander. Die Schlussfolgerungen, welche sich hieraus für die theoretische Chemie ergeben, können erst an späterer Stelle besprochen werden.

Der Werth der vorstehenden Untersuchung dürfte hauptsächlich darin bestehen, dass sie eine gewichtige Bestätigung der aufgestellten theoretischen Anschauungen enthält und dadurch ein neues und wichtiges Verbindungsglied zwischen den beiden Naturkräften — Wärme und Elektricität — geschaffen sein dürfte.

II.

Zur Bestätigung der soeben dargestellten elektrischen Wellentheorie möchte ich noch auf einen anderen Vorgang, nämlich auf die Brechung der Wellen, Bezug nehmen.

Aus der Vibrationstheorie, nach welcher die thermischen, optischen und elektrischen Erscheinungen durch die Transversalwellen des Aethers bedingt werden, folgt nämlich, dass der Quotient aus den Brechungsexponenten n_i, n_r beim Uebergang der Wellen aus dem Medium i in das Medium r das umgekehrte Verhältniss der Fortpflanzungsgeschwindigkeiten der Aetherwellen im ersten und zweiten Medium angiebt. Bezeichnet man demnach die Geschwindigkeit der Aetherwellen in dem ersten

Medium mit c_i und in dem zweiten mit c_r, so besteht die Gleichung

$$\frac{c_i}{c_r} = \frac{n_r}{n_i}.$$

Dass für die Fortpflanzungsgeschwindigkeiten der Licht- und Wärmestrahlen diese Formel in der That gilt, hat *Foucault* im Jahre 1854 durch seine bekannten Versuche über die Fortpflanzung jener Wellen in Luft und Wasser nachgewiesen.

Umgekehrt bietet aber diese Beziehung ein bequemes Mittel, die Brechungsexponenten aus der Fortpflanzungsgeschwindigkeit der Aetherwellen in verschiedenen Medien zu bestimmen. Namentlich verdient diese Bestimmungsmethode in den Fällen, in welchen die gewöhnlichen optischen Methoden ihren Dienst versagen, eine ganz besondere Berücksichtigung und Werthschätzung, wie beispielsweise bei der Bestimmung der Brechungsexponenten der Metalle für die Aetherwellen und vor Allem für die Elektricitätswellen; denn während man in diesem Falle nach bisher gebräuchlichen Methoden zu von einander höchst abweichenden Resultaten gelangt, erhält man aus den Fortpflanzungsgeschwindigkeiten der elektrischen Wellen Werthe, die erstlich mit den Grundgesetzen der Vibrationstheorie und zweitens auch mit den best gesicherten Resultaten jener Beobachtungsmethoden gut übereinstimmen.

Nach den in „La Lumière Electrique“, t. XXXIV., p. 240 angegebenen Beobachtungen ist nämlich das Verhältniss der Fortpflanzungsgeschwindigkeit des Stromes in einer gewöhnlichen Eisenleitung und in einer unterseeischen Kabelleitung aus Kupfer gleich $\frac{11600}{4000}$, d. h. die auf den luftleeren Raum bezogenen Brechungsexponenten von Kupfer und Eisen verhalten sich rund zu einander wie 12 : 4 oder wie 3 : 1. Auch die Beobachtungen, welche schon früher *Mitchell* über die Geschwindigkeit des elektrischen Stromes in einer Eisendrahtleitung und *Hilgard* in einer solchen aus Kupferdraht angestellt hatte, haben für die Fortpflanzungsgeschwindigkeiten im Eisen und im Kupfer das Verhältniss 46000 : 13700 oder rund 3 : 1 ergeben (cf. *Jochmann*, Experimentalphysik, S. 271). Nach den genauen Beobachtungen von *Feddersen*, Pogg. Ann. Bd. 116, beträgt die Geschwindigkeit des elektrischen Stromes einer Batterie in Kupferdrähten 4000 bis 6000 km in der Secunde, während *Miesler* in seiner bekannten Arbeit über diesen Gegenstand (Ber. d. Wiener Acad. 1890) für die

Geschwindigkeit des elektrischen Stromes in Messingdrähten den um etwas mehr als das Doppelte höheren Werth 15 000 km fand.

Hieraus ergiebt sich für das Verhältniss der Brechungsexponenten des Kupfers und Messings der Zahlenwerth $\frac{15\,000}{6\,000} = \frac{5}{2}$; es verhalten sich dieselben also wie 5 : 2 zu einander. Da sich nun nach Obigem die Brechungsexponenten des Kupfers und des Eisens wie 3 : 1 verhalten, so folgt aus diesen Proportionen, dass sich die Brechungsexponenten von Messing und Eisen wie 6 : 5 verhalten.

Aus vorstehenden Darlegungen folgt, dass auch die elektrischen Wellen, was für die elektrische Wellentheorie von wesentlicher Bedeutung ist, dem Brechungsgesetz von *Snellius* gehorchen.

Aus der *Snellius*'schen Gleichung:

$$\frac{\sin i}{\sin r} = n$$

folgt:

$$\frac{\sin i}{n} = \sin r.$$

Da nun aber i nicht grösser als 90^0 werden kann und $\sin 90^0 = 1$ ist, so kann $\sin r$ nicht grösser, sondern höchstens gleich $\frac{1}{n}$ werden. Der Brechungswinkel r kann also nie über den Grenzwerth hinauswachsen, der diesem Werth des Sinus entspricht. Derselbe wird darum der Grenzwinkel der Brechung genannt. Geht aber umgekehrt ein Strahl aus dem dichteren in das dünnere Medium über, so erreicht der Brechungswinkel schon dann, wenn man den Einfallswinkel gleich dem Grenzwinkel setzt, seinen grössten Werth von 90^0. Für grössere Werthe des Einfallswinkels ergiebt die Formel $\sin i = n \sin r$ für den Sinus des Brechungswinkels Werthe, welche grösser als 1 sind und zu welchen kein Winkel gehört. Es kann daher in diesem Falle überhaupt kein Wellenstrahl aus dem dichteren in das dünnere Medium übertreten; der Strahl wird vielmehr an der Grenzfläche vollständig in das Innere des dichteren Mittels zurückgeworfen oder total reflectirt.

Auf Grund dieser Vorstellung gelangt man zu einer einfachen, physikalisch leicht verständlichen Erklärung der Fortpflanzung der Elektricität durch Leitung, zumal da man auf einen bekannten analogen Vorgang der Optik hinweisen kann.

Lässt man auf die eine Kathetenfläche eines gleichschenkligen Glasprismas, dessen Brechungsexponent 1,6 ist,

Lichtstrahlen senkrecht auffallen, so werden dieselben in das Prisma eintreten, aber an der Hypotenusenfläche bekanntlich total reflectirt und treten durch die andere Kathetenfläche wieder heraus, so dass also einem von der zweiten Kathenfläche nach dem Prisma hinschauenden Beobachter die Hypotenusenfläche als ein vollkommener Spiegel erscheinen würde. Das bestimmende Moment in diesem Vorgange ist die Grösse des Grenzwinkels oder, da dieser von den Brechungsexponenten der Substanz abhängt — sein Sinus ist gleich dem reciproken Werthe des Brechungsexponenten —, der Brechungsexponent der betreffenden Substanz, also hier des Glases. Würde man nun das Prima zu einem Parallelopipedon vervollständigen und dasselbe in seiner Längsrichtung verlängern, so können die Strahlen, welche von der Hypotenusenfläche des ursprünglichen Prismas total reflectirt werden, aus dem Parallelopipedon nicht seitlich wieder heraustreten, da sie von der gegenüberliegenden Seitenfläche wiederum total reflectirt werden und so fort, bis die Strahlen das ganze Parallelopipedon durchlaufen haben und an der unteren Grundfläche heraustreten. Indessen werden nicht nur die senkrecht in jedem Punkte auf die obere horizontale Fläche auffallenden Strahlen, sondern auch alle diejenigen, welche mit dem Einfallslote einen Winkel bilden, der kleiner als 10^{0} ist, von den Seitenflächen des Parallelopipedons total reflectirt und durch dasselbe vollständig hindurchgehen, d. h. es werden alle Strahlen, welche die obere Fläche in einem beliebigen Punkte treffen und innerhalb eines Kegels liegen, dessen Spitze in der Fläche liegt und dessen Winkel an der Spitze gleich $2 \cdot 10^{0} = 20^{0}$ ist, dasselbe durcheilen müssen. Wächst der Brechungsexponent der Substanz, so wächst auch der Winkel an der Spitze des besagten Kegels. In dem hier gewählten Beispiele beträgt der Brechungsexponent der Substanz 1,6; nimmt derselbe aber bis zu 5,76 zu, so wird jener Winkel gleich 160^{0}, d. h. $^{8}/_{9}$ der überhaupt auf die obere Fläche auffallenden Strahlen müssen, weil sie von den Seitenflächen total reflectirt werden, durch das Parallelopipedon hindurchstrahlen, vorausgesetzt natürlich, dass der betreffende Stoff für die Strahlengattung überhaupt durchlässig ist und dieselben nicht völlig absorbirt, wie dies für das Licht bei der Kohle und den übrigen schwarzen Körpern geschieht. In diesem speciellen Fall pflanzt sich die Wellenbewegung übrigens durch wechselsweise Absorption und Emission der Wellen von Schicht zu Schicht ebenfalls auf die vorstehende Weise fort; wir sagen jedoch in diesem Falle die

Fortpflanzung geschieht durch Leitung, obschon dieselbe von der Strahlung nicht der Art, sondern nur der Grösse nach verschieden ist. In beiden Fällen müssen jedoch die aufprallenden Strahlen bei grossen Brechungsexponenten sogar noch durch einen cylindrischen Draht hindurchgehen, selbst wenn derselbe beliebig gebogen wird; denn sobald sie in denselben eingedrungen sind, müssen sie auch dann noch an dem Umfaange desselben total zurück in das Innere reflectirt werden, wie eine einfache Rechnung unter der Annahme eines Brechungsexponenten 5,76 zeigt.

Klarer dürfte dies durch folgende Ueberlegung werden. Sieht man von einem Punkte A (Fig. S. 37) aus unter Wasser in die Höhe, so gehen die Sehstrahlen nur zum Theil aus dem Wasser heraus; man sieht nur in einem kreisrunden Feld die Gegenstände über dem Wasser, rund herum aber die Gegenstände auf dem Boden des Wassers durch total reflektirte Strahlen. Wächst der Brechungsexponent n, so wird der Grenzwinkel und damit das kreisrunde Feld immer kleiner, so dass bei so grossen Brechungsexponenten, wie sie die Metalle besitzen, die wirklich ausgesandten Strahlen fast normal zur Oberfläche austreten und somit die von *Crookes* bewirkte Concentration der Kathodenstrahlen erklärlich ist.

Da die Strahlen den Umfang des Drahtes oder eines cylindrischen Stabes unter mehr oder weniger geneigten Winkeln treffen, so müssen sie den Draht oder Stab in einer Zickzacklinie von der oberen Grundfläche bis zur unteren durchlaufen und an der letzteren, wenn dies möglich ist, wieder aus dem leitenden Körper heraustreten oder erst dort wieder umkehren; denn eine vorherige Umkehr ist wegen des Reflexionsgesetzes nicht möglich.

Die hier angenommene Auffassung von dem Wesen der Elektricität erklärt in ganz einfacher und natürlicher Weise die beobachtete Thatsache, dass der eigentliche Sitz der Elektricität die Oberfläche der Körper ist, dass sie hauptsächlich an dieser wirksam und sichtbar wird. Denn nach derselben müssen ja die Wellen längs ihres Hindernisses, der Körperoberfläche, sich hinbewegen, da sie im Inneren selbst sich gegenseitig aufheben, bezüglich fortdrängen und nur an der Oberfläche in einseitiger Weise zur Wirkung kommen können. Ebenso lässt sich unter der obigen Hypothese das leichte und vorzugsweise Ausströmen der Elektricität aus den Spitzen der Leiter recht wohl begreifen. Denken wir uns nämlich einen möglichst spitzen Kegel, dessen Vertikalschnitt das gleichschenklige

Dreieck *ACB* sein mag, und nehmen wir an, dass die Grundfläche *AB* bestrahlt werde; dann müssen die Wellen, wenn der Brechungsexponent der Kegelsubstanz gleich 5,76 oder grösser ist, nach ihrem Eintritt von dem Kegelmantel stets nach dem Innern und der Spitze zu total zurückgeworfen werden und schliesslich sämmtlich in der Spitze zusammenlaufen, da in Folge des Reflexionsgesetzes, dass der auffallende Strahl und der abgelenkte Strahl mit dem Einfallslote denselben Winkel bilden müssen, ein Zurücklaufen nicht eintreten kann.

Zurück können die Strahlen nicht, aber hinzu kommen immer mehr neue, welche die früheren verstärken und auf diese Weise in der Spitze eine solche Menge ansammeln oder eine solche Kraft und Spannung erlangen, dass sie die Spitze durchsetzen, indem sie eben den ihrem weiteren Laufe entgegenstehenden Widerstand überwinden. Die Grösse der elektrischen Spannung gerade in den Spitzen der Leiter findet also ebenso wie die elektrische Leitung selbst ihre natürliche Erklärung in der totalen Reflexion der elektrischen Wellen an der Oberfläche der leitenden Körper.

Dadurch, dass die elektrischen Wellen in der Spitze sich zusammendrängen, wird zunächst eine Erhöhung der Temperatur bewirkt und dadurch die brechende Kraft vermindert. Die Verminderung der brechenden Kraft hat aber nach der obigen Darlegung die unmittelbare Folge, dass ein grösserer Bruchtheil der elektrischen Schwingungen austreten kann und somit momentan die Elektricitätsmenge in der Spitze geschwächt und dadurch wieder eine augenblickliche Verminderung der Temperatur bedingt wird. Hierdurch wird jedoch von neuem der Abfluss der Wellen so lange gehemmt, bis in Folge der Temperatursteigerung in der Spitze wiederum eine gewisse Wellenmenge austreten kann und so fort in stetigem Wechsel. Darnach muss also der Uebergang des überspringenden elektrischen Funkens ein ruck- und stossweiser sein, der elektrische Funke demnach aus einzelnen hin- und hergehenden Oscillationen bestehen.

Dass der elektrische Funke thatsächlich aus solchen Oscillationen besteht, ist zuerst in klarer und bestimmter Weise von *Joseph Henry* in Washington erkannt worden, als derselbe im Jahre 1842 die Magnetisirung von Stahlnadeln durch die Entladung einer Leidener Batterie studirte. Eine Berechnung der Condensatorentladung hat zuerst Sir *William Thomson* in seiner Abhandlung „On transient currents“ gegeben und daselbst die den Entladungsvorgang darstellende Gleichung

$$\frac{d^2 q}{d t^2} + \frac{w}{L}\frac{d q}{d t} + \frac{q}{C L} = 0$$

aufgestellt, wo w der Widerstand, L das Selbstpotential der Leitung und C die Capacität des Condensators bedeutet.

Wenn $$\frac{w}{4 L^2} < \frac{1}{C L}$$

ist, so ist darnach die Entladung eine oscillirende; die Schwingungsdauer derselben ist

$$\tau = \frac{\pi}{\sqrt{\frac{1}{CL} - \frac{w^2}{4 L^2}}}.$$

Wenn w sehr klein ist, so kann man das Glied $\frac{w^2}{4 L^2}$ vernachlässigen und erhält dann $\tau = \pi \sqrt{C L}$.

Der oscillirende Charakter der *Leidener* Flaschenentladung fand seine Bestätigung durch die Arbeiten von *P. Riess* und *Feddersen.* Letzterer untersuchte wie schon vor ihm *Wheatstone* das Spiegelbild des Funkens mittelst eines rotirenden Spiegels, und zwar fixirte er die Funkenentladungen auf photographischem Wege. In seiner ersten Abhandlung theilte er jedoch bloss Beobachtungen über kontinuirliche und intermittirende, nicht aber über eigentlich oscillirende Entladungen mit. Auf Grund seiner weiteren Beoabachtungen gelangte er zu dem Resultate, dass die aus den Dimensionen des Bildes berechnete Schwingungsdauer der Quadratwurzel aus der Oberfläche der elektrischen Batterie proportional sei, dass also

$\tau = a \sqrt{s}$ ist.

Aus der Beobachtung für eine gegebene Leitung und eine bestimmte Batterie vermochte er bereits die Schwingungsdauer für dieselbe Leitung und eine andere Batterie zu berechnen; er hat Zahlenwerthe erhalten, welche mit den Beobachtungswerthen gut stimmten. Ausserdem fand *Feddersen*, dass die Oscillationsdauer mit der Leiterlänge zunimmt, aber in einem langsameren Verhältnisse als die Länge des Schliessungsbogens wächst. Während *Paalzow* nur die Entladung von Kondensatoren durch *Geissler'sche* Röhren beobachtete, bestätigte *von Oettingen* durch Prüfung des Rückstandes der *Leidener* Batterien den oscillatorischen Charakter der Entladung. *Kirchhoff,* der das Problem mathematisch behandelte und zu ähnlichen Resultaten wie

Thomson gelangte, war der erste, der eine Vergleichung zwischen den beobachteten Werthen *Feddersens* und der aus der Kapazität und der Leitung berechneten Oscillationsdauer anstellte.

Die von *Feddersen* aus seinen photographischen Aufnahmen bestimmten Schwingungsdauern stimmen jedoch nur der Grössenordnung nach mit den von *Kirchhoff* berechneten Werthen überein, weil man, wie *Kirchhoff* selbst bemerkt, die Kapazität und die Selbstinduktion nur schätzen konnte. In dieser Richtung sind dann später noch Untersuchungen von *Ogden*, *N. Rood*, *Lorenz*, *Bichat* und *Blondlot* sowie von *von Oettingen* angestellt worden. Die eingehendste Beobachtungsreihe über die Funkenlänge, die Wellenlänge und die Schwingungsdauer hat jedoch *Julius Miesler* in den Sitzungsberichten der Wiener Akademie der Wissenschaften (Jahrg. 1890, Bd. 99, H. VII, S. 579) veröffentlicht und durch dieselben die Richtigkeit der oben erwähnten Näherungsformel $\tau = \pi \sqrt{CL}$ für dünne Drähte streng bewiesen.

Nach der Auffassung, welche ich über die Fortpflanzung der Aetherwellen durch starkbrechende Medien aufgestellt habe, hat man sich nun den Vorgang der Entladung einer *Leidener* Flasche so vorzustellen, dass die elektrischen Schwingungen, welche in den Metallbelegungen in Folge der brechenden Kraft derselben zum grössten Theil zurückgehalten werden, an den Spitzen der Schliessungsdrähte sich ansammeln und dadurch sehr schnell die nöthige Wärmesteigerung und so durch die periodische Veränderung der brechenden Kraft ein oscillirendes Ueberspringen der Funken bewirken müssen.

Die Dauer zwischen je zwei solchen Partialentladungen hängt demnach in erster Linie von der Schnelligkeit ab, mit welcher die elektrischen Schwingungen die Schliessungsdrähte von der Batteriebelegung bis zu den Endpunkten durchlaufen, d. h. von der Fortpflanzungsgeschwindigkeit der Wellen in diesen Drähten. Da nun nach dieser Anschauung die elektrischen Wellen, sowohl die positiv wie negativ gerichteten, in demselben Zeitintervall, in welchem die Oscillationen des überspringenden Funkens erfolgen, den Schliessungsdraht hier bis zur Batteriebelegung und wieder zurück durchlaufen, so muss bei verschiedenen, aber gleich langen Zuleitungsdrähten der Quotient aus der ganzen Drahtlänge und der jedesmaligen Schwingungsdauer τ die Fortpflanzungsgeschwindigkeit der elektrischen Wellen in den einzelnen Drähten ergeben, wenn man in allen Fällen dieselbe Batterie anwendet.

In der folgenden Tabelle sind einige diesbezügliche Beobachtungen *Feddersens* und *Mieslers* und die daraus sich ergebenden Fortpflanzungsgeschwindigkeiten angegeben.

Länge des Schliessungsbogens in m.	Oscillationsdauer in Sekunden.	Fortpflanzungsgeschwindigkeit in km.
I. Feddersen.		I. in Kupferdrähten.
5,26	0,00000132	4000
25,26	0,00000410	6160
65,26	0,00000753	8000
115,26	0,00000935	6500
II. Miesler.		II. in Messingdrähten.
234	0,00000156	15000
168	0,00000116	14100
204	0,00000105	19500

Das Mittel aus den vier Beobachtungswerthen für Kupferdrähte, nämlich 6200 km, stimmt mit der in submarinen kupfernen Kabeln gefundenen Fortpflanzungsgeschwindigkeit des galvanischen Stromes nahe überein, da diese nach den neuesten Beobachtungen in La lumière électrique, T. 34, p. 240, 4000 km in der Sekunde beträgt. Die Uebereinstimmung zwischen diesen Zahlenwerthen spricht sehr zu Gunsten der von mir aufgestellten Auffassung über das Wesen der Funkenentladung.

Es bleibt mir hier noch übrig, auf die hochwichtigen und folgenreichen Untersuchungen von *Hertz* hinzuweisen. Das Resultat seiner Beobachtungen ist der Nachweis, dass die Oscillationen des überspringenden elektrischen Funkens sich ebenso wie die Lichtwellen im Raume fortpflanzen und gleich diesen von Metallflächen reflektirt und beim Durchgang durch brechende Medien gebrochen werden und ebenso auch die Erscheinungen der Interferenz und Polarisation zeigen. Da es sich jedoch in diesem Kapitel vornehmlich um die Fortpflanzung der Elektricität in den metallischen Leitern handelt, so muss ich auf ein näheres Eingehen auf die *Hertz*'schen Untersuchungen verzichten, da dieselben lediglich die Ausbreitung der elektrodynamischen Schwingungen ausserhalb des Stromkreises behandeln; ich verweise daher für ein genaueres Studium auf die Originalabhandlungen von *Hertz* in *Wiedemanns* Annalen, N. F. 34—41.

Der Verlauf der elektrischen Entladung, um darauf noch einmal kurz zurückzukommen, gestaltet sich nach meiner Auffassung folgendermassen: Die von der negativen Belegung kommenden Wellen müssen in Folge der totalen Reflexion an der Oberfläche des Schliessungsdrahtes durch die Funkenstrecke hindurch bis zur positiven Batteriebelegung sich fortpflanzen, dieselbe, sozusagen, entgegengesetzt laden und wieder umkehren. Gleichzeitig haben aus demselben Grunde die positiven Strahlen denselben Weg in entgegengesetzter Richtung bis zur negativen Batteriebelegung vollendet und dieselbe positiv geladen, so dass nunmehr die beiden Strahlenarten in demselben Augenblicke wieder von den Belegungen umkehren und den Schliessungsdraht wieder in entgegengesetzter Richtung durcheilen etc. in stetig wechselndem Laufe, bis die Flasche entladen ist. Darnach muss also nach der ersten Oscillation die ursprünglich positive innere Belegung negativ geladen sein, nach der zweiten, in welcher die positive Elektricität zurückkehrte, wieder positiv und so fort; d. h. nach irgend einer ungeraden Zahl von Oscillationen muss die Flasche ihrer ursprünglichen Ladung entgegengesetzt geladen sein, während nach einer Anzahl von geraden Oscillationen die Ladung das ursprüngliche Vorzeichen haben muss. Die Stärke dieser Ladungen muss nach den in dem I. Kapitel gegebenen Auseinandersetzungen über die Ausstrahlung der elektrischen Wellen in einer geometrischen Reihe abnehmen.

Die Richtigkeit dieser Schlussfolgerung, welche bereits *Kirchhoff* in seiner mathematischen Arbeit über die Batterieentladung zog, ist erstlich durch die Beobachtungen *Oettingens* auf indirectem Wege (cf. v. Oettingen, Pogg. Ann., Bd. 115), sodann aber auch durch *Paalzow*'s Beobachtungen über die Funkenentladung in einer Geissler-schen Röhre direct nachgewiesen worden (cf. Pogg. Ann., Bd. 112).

In ganz gleicher Weise wie die elektrische Funkenentladung lässt sich auch — mutatis mutandis — der umgekehrte Vorgang, die Saugwirkung der Spitzen, erklären, wenn die metallischen Leiter der Elektricität wirklich solche grossen Brechungsexponenten besitzen, wie ich oben angenommen habe, also etwa solche gleich 5,76 oder noch grössere. Unter dieser Voraussetzung können also die vorerwähnten elektrischen Vorgänge und die Leitungsfähigkeit mit Fug und Recht durch die totale Reflexion der undulirenden Wellen an der Oberfläche dieser Stoffe gesetzmässig erklärt werden.

Nun sind die Brechungsexponenten der Elektricitätsleiter thatsächlich bedeutend grösser als diejenigen der Nichtleiter. Schwanken doch die Brechungsexponenten der guten Leiter bereits in ihren chemischen Verbindungen — diejenigen der reinen Metalle sind um das zwei- bis vierfache grösser — nach den Untersuchungen der Herren *Landolt, Dale* und *Gladstone* für die am wenigsten brechbaren Strahlen, deren Wellenlängen die relativ grössten sind, um den Mittelwerth 2,5, besitzen also für die Wellen geringerer Länge noch grössere Brechungsexponenten. Der theoretische und sachliche Grund, warum diese Werthe viel kleiner sind, beruht auf der Dichtigkeitsänderung und der Veränderung in dem molekularen Bau und wird später näher angegeben werden. Die schlechten Elektricitätsleiter oder die Nichtleiter haben dagegen bedeutend geringere Brechungsexponenten, wie ja z. B. die permanenten Gase mit geringen Abweichungen den Exponenten 1, Wasser 1,33, Glas 1,6 etc. aufweisen. Doch diese allgemeinen Zahlenangaben, die in keinem gesetzmässigen Zusammenhange mit der Theorie stehen, haben nur geringe Beweiskraft. Ich muss daher auf einem anderen und sicheren Wege die Richtigkeit meiner Ansicht darthun und zwar will ich dies, wie es bei der Prüfung der Hypothesen die Regel ist, durch den Nachweis bewirken, dass die Folgerungen, welche sich aus ihr ergeben, mit den Beobachtungsthatsachen übereinstimmen.

Wenn die im Vorstehenden dargestellte Theorie der Wärme und Elektricitätsleitung richtig ist, so muss nicht nur die Wärmeleitungsfähigkeit der Stoffe, mögen sie fest, flüssig oder gasförmig sein, sondern auch das Leitungsvermögen derselben für Elektricität nach dem im ersten Abschnitt gemachten Bemerkungen der brechenden Kraft der Materie direct proportional sein oder, wenn man die brechende Kraft des Silbers gleich 100 setzt, sogar gleich sein; denn dann bewirkt gemäss der Theorie Poissons und Sellmeiers die brechende Kraft des Mediums die Leitungsfähigkeit, dieselbe muss also nach den allgemein gültigen logischen und mechanischen Grundsätzen, dass Ursache und Wirkung einander äquivalent sind, der ersteren gleich sein, von nebensächlichen Umständen natürlich abgesehen. Hier also liegt das experimentum crucis.

In der That lassen die bisherigen Experimente deutlich genug erkennen, dass die Zahlenwerthe für das thermische und elektrische Leitungsvermögen mit denjenigen für die brechenden Kräfte übereinstimmen, wenn man in beiden Fällen den Werth für Silber gleich 100 setzt. Zum Beweise lasse ich hier für einige feste, flüssige und gasförmige Substanzen die beobachteten und die berechneten Werthe folgen:

Namen der Metalle.	Leitungsvermögen für Elektricität Matthiessen L	Leitungsvermögen für Wärme Wiedemann u. Franz L	A. d. Leitungsvermögen ber. Brechungsexponenten Luft = 1 n_e; n_w	Brechungsexponenten von Landolt in chemischen Verbindungen n_w	Brechungsexponenten von Kundt, Drude n_w	Brechungsexponenten aus Wiens u. Quinckes Beobachtungen. n_w
Silber . . .	100	100	10 ; 10	2,24	—	10; 12,5 bis 6,7 (Quincke)
Kupfer . .	77,43	66,7	8,8; 8,3	2,6	—	—
Gold . . .	55,91	59,0	7,5; 7,7	3,4	—	2,92(w)
Natrium .	37,43	—	6,2	1,2	—	—
Aluminium	33,76	—	6,0	1,8	1,44	—
Zink. . . .	27,39	—	5,3	2,1	2,12	—
Magnesium	25,47	—	5,1	1,5	—	—
Calcium. .	22,14	—	4,8	1,4	—	—
Cadmium .	22,10	25,7	4,8; 5,2	2,04	1,13	—
Kalium . .	20,84	—	4,6	1,08	—	—
Lithium. .	19,00	—	4,47	1,32	—	—
Eisen . . .	14,44	11,9	3,9; 3,6	3,76(2,65)	{1,81 2,36}	2,23(w)
Palladium	12,64	12,2	3,8; 3,67	3,5	—	—
Zinn. . . .	11,45	9,9	3,6; 3,3	2 7	1,48	—
Platin . . .	10,53	10,3	3,4; 3,36	3,8	{1,76 2,15}	2,23(w)
Blei	7,77	7,0	2,9; 2,8	2,36	2,01	—
Strontium.	6,71	—	2,8	1,2	—	—
Antimon .	4,29	—	2,3	2,34	3,04	—
Quecksilber	1,63	—	1,61	2,45	{2,61 1,73}	—
Wismuth .	1,19	—	1,48	2,22	1,90	—
Graphit . .	1,0693	—	1,03	1,9	—	—

Vergleichen wir nun die in der vorstehenden Tabelle angegebenen Resultate mit den Forderungen der elektromagnetischen Lichttheorie. Die elektromagnetische Lichttheorie führt zu den beiden Gleichungen:

$$\frac{n^2 k}{\lambda V} = u c, \quad n^2 - n^2 k^2 = u K V^2,$$

in denen u die magnetische Permeabilität, c die Leitungsfähigkeit, K die Dilektricitätskonstante des Mittels und

V die Lichtgeschwindigkeit in der Luft bedeutet. Die erste der beiden Gleichungen ist einer Prüfung fähig, da *c* bekannt und *u*, abgesehen von Eisen, Nickel und Wismuth, bei allen untersuchten Metallen gleich 1 ist. Es müsste demnach, wenn man berücksichtigt, dass $k\,n$ im allgemeinen bei den verschiedenen Metallen weniger als *n* variirt, nach der obigen Gleichung *n* um so kleiner sein, je kleiner *c* ist, aber nicht umgekehrt, wie Herr Professor *Kundt* aus den von ihm beobachteten Brechungsexponenten abgeleitet hat. Gegen diese Folgerung *Kundts* sprechen nicht nur die Beobachtungen von *Drude*, sondern in noch viel höherem Grade die nach anderen Methoden von *Landolt*, *Wien* und *Quincke* bestimmten Brechungsexponenten der Metalle. Die letzteren Beobachtungen deuten sogar sichtlich darauf hin, dass das aus der *Sellmeier*'schen Absorptionstheorie abgeleitete Gesetz, nach welchem die brechende Kraft dem Leitungsvermögen *c* proportional ist, berechtigt ist.

Die noch vorhandenen Abweichungen zwischen diesem Gesetz nnd der Erfahrung dürften bedeutend geringer werden oder fast ganz verschwinden, wenn die Beobachtungen des Leitungsvermögens und der brechenden Kraft bei derselben Temperatur und derselben Dichtigkeit ausgeführt würden.

Um jedoch zum Beweis der von mir aufgefundenen Beziehung zwischen dem elektrischen Leitungsvermögen und dem Brechungsvermögen noch weiteres Beobachtungsmaterial anzuführen, habe ich die von den Professoren *Landolt* und *Gladstone* für die Metalle in ihren löslichen, chemischen Verbindungen, also im flüssigen Aggregatzustande, experimentell bestimmten Brechungsexponenten mit den aus der Leitungsfähigkeit der flüssigen Metalle ermittelten Brechungexponenten in folgender Tabelle verglichen. Diese Berechnung fällt und besteht, um hier wenigstens darauf hinzuweisen, mit dem allgemeinen Grundsatze, dass der Brechungsexponent des Atoms unveränderlich bleibt, wenn dasselbe eine Verbindung mit einem anderen Atome eingeht oder sich physikalisch mit demselben mischt.

Die Zahlen für das elektrische Leitungsvermögen *L* der flüssigen Metalle sind aus *Wiedemanns* Lehre von der Elektricität entnommen und mittels dieser Werthe gemäss der Formel $n^2 - 1 = L$ die Brechungsexponenten *n* von mir berechnet worden.

Namen der Metalle.	Leitungsvermögen für Elektricität.	Die von Landolt und Gladstone beobachteten Brechungsexponenten n_w.	Die aus dem Leitungsvermögen berechneten Brechungsexponenten n_e.	Drude's und Wien's Brechungsexponenten n_w.
Eisen . . .	3	2,671	2,0	2,36 *(D)* 2,23 *(w)*
Kupfer . .	13	2,62	3,7	2,92 *(w)*
Platin . . .	3,41	3,8	2,1	2,15 *(D)* 2,23 *(w)*
Natrium .	13,69	1,202	3,8	
Kalium . .	8	1,178	3,0	
Zinn	5,76	2,67	2,6	1,26 *(D)*
Zink	13,69	2,122	3,8	2,12 *(D)*
Wismuth .	4,2	2,233	2,27	1,90 *(D)*
Blei	4,76	2,4	2,4	2,01 *(D)*
Kadmium .	10,56	2,05	3,4	1,13 *(D)*
Antimon .	55,76	2,35	2,6	3,04 *(D)*
Quecksilber	1,63 3,4?	2,45	1,61 2,10	1,73 *(D)* 2,61? *(D)*

Die Unterschiede in den beiden Zahlenreihen für *n* rühren hauptsächlich daher, dass in den chemischen Verbindungen die molekulare Beschaffenheit der Metalle je nach ihrer in Wirksamkeit getretenen Werthigkeit sich ändert und dadurch, indem in Folge der grösseren oder geringeren Bindung das Zwischenvolumen, bezüglich die Dichtigkeit modifizirt wird, das Brechungsvermögen wesentlichen Einfluss erfährt, während bei der Verflüssigung der Metalle eine solche molekulare Veränderung des Baues nicht nothwendig einzutreten braucht. Hierfür spricht auch der Umstand, dass beispielsweise bei den gleichwerthigen Metallen Kupfer, Zink und Kadmium die beobachteten und berechneten Werthe von *n* sich sämmtlich annähernd wie 2 zu 3 verhalten. Bei den chemisch nahe mit einander verwandten Metallen Natrium und Kalium ist dies Zahlenverhältniss ebenfalls dasselbe, nämlich wie 1 zu 3, während bei den meisten übrigen hier angeführten Metallen die beobachteten und berechneten Werthe einander nahezu gleich sind. Ein näheres Eingehen auf die diesbezüglichen chemischen Fragen würde hier zu weit führen.

Da bei den zusammengesetzten Flüssigkeiten in Folge des Eindringens der elektrischen Strahlen in dieselben eine chemische Wirkung eintritt und durch die chemischen

Veränderungen ein starker Bruchtheil der elektrischen Strahlen verbraucht wird, so wird dadurch der Widerstand bedeutend grösser, als er ohne die chemischen Vorgänge sein würde, so dass also bei solchen Flüssigkeiten die obige Beziehung zwischen der brechenden Kraft und dem Leitungsvermögen nicht mehr hervortreten kann. Chemisch einfache Flüssigkeiten, bei denen keine Trennung der einzelnen Molekeln eintreten kann, müssen dagegen Werthe besitzen, welche mit dem von mir aufgestellten Gesetze übereinstimmen. Die Richtigkeit dieser Behauptung wird dadurch bestätigt, dass das Quecksilber als ein chemisch einfacher Körper in Wahrheit einen mit dem aufgestellten Gesetze übereinstimmenden Werth für das Leitungsvermögen und die brechende Kraft besitzt, wie man aus der vorstehenden Tabelle ersehen kann. Bei Legirungen muss die theoretische Berechnung des Leitungsvermögens in ähnlicher Weise geschehen, wie nach dem *Kopp*'schen Gesetze die Atomwärmen zusammengesetzter Stoffe oder die elektrischen Leitungsfähigkeiten der Legirungen aus ihren Radikalen bestimmt werden können. In den Fällen jedoch, in welchen beim Hindurchgehen des elektrischen Stromes eine chemische Arbeit stattfindet, muss die Rechnung in ganz anderer Weise ausgeführt werden. Bezeichnet man in diesen Fällen den Einfluss, welchen die Gesammtheit der inneren Kräfte, die sogenannte Absorptionskraft, auf den Werth des Brechungsexponenten ausübt, mit n_1, also die von der Absorption allein herrührende brechende Kraft mit $n_1{}^2 - 1$, so muss das Leitungsvermögen der schlechten flüssigen und festen Leiter und der Nichtleiter, welche die elektrischen Wellen mehr oder weniger absorbiren, gleich $(n^2 - 1) - (n_1{}^2 - 1)$ oder gleich $n^2 - n_1{}^2$ sein. In der Optik ist diese Theorie von *Sellmeier* aufgestellt und durch die Beobachtungen *Kundt's* und *Christiansen's* als richtig bestätigt worden. Auch in der Elektricität wird sich diese Formel experimentell bestätigen lassen, wenn erst die erforderlichen Beobachtungen in dieser Hinsicht angestellt werden. Eine weitere Verfolgung dieser Frage würde jedoch vom Thema zu weit abführen und kann vorläufig noch übergangen werden. Hingegen muss das theoretisch aus den Brechungsexponenten berechnete thermische Leitungsvermögen der einfachen Gase (permanenten), da bei deren Erwärmung ebenso wie bei den chemisch einfachen festen oder flüssigen Stoffen verhältnissmässig nur eine geringe innere Arbeit geleistet wird, da keine chemische Zerlegung eintritt, mit den thatsächlich beobachteten Werthen für das Wärmeleitungsvermögen der Gase mit grosser Annäherung übereinstimmen. Dies ist der Fall, wie nachstehende Tabelle zeigt:

Namen der Gase.	Brechende Kräfte; Luft = 1.	Brechungs-exponenten.	Brechende Kräfte; Silber = 100.	Beobachtete Leitungs-fähigkeiten; Silber = 100.	Aus Natterer's Beobachtungen berechnetes Wärme-leitungs-vermögen.
Luft	1	0,000294	0,000588	0,0005	
Sauerstoff . .	0,924	1,000272	0,000543	0,0005	0,0005
Wasserstoff .	0,470	1,000138	0,000276	?	0,000275
Stickstoff . .	1,020	1,000300	0,000408	0,00049	0,0004
Chlor	2,623	1,000772	0,001542	?	0,000145
Stickoxyd . .	1,039	1,000303	0,000611	?	0,0004
Kohlenoxyd .	1,157	1,000340	0,00068	?	?
Schwefelwasserstoff	2,187	1,000644	0,001288	?	0,0011
Chlorwasserstoffgas . .	1,527	1,000449	0,000898	?	0,0008

Für die chemisch zusammengesetzteren Gase gilt betreffs der Berechnung der Wärmeleitungsfähigkeit aus den Brechungsexponenten dieselbe Bemerkung wie die oben bezüglich der Flüssigkeiten gemachte. Das beigebrachte Beobachtungsmaterial dürfte meiner Ansicht nach für die erste Begründung der aufgestellten Theorie genügen, zumal da für eine eingehendere Behandlung der einschlägigen Fragen das vorhandene Beobachtungsmaterial selbst erstlich nicht genau und sicher genug und zweitens noch nicht ausreichend ist. Indessen geht aus den neuesten Beobachtungen von *Arrhenius* und den damit so ziemlich übereinstimmenden älteren Beobachtungen von *Thomsen* wenigstens soviel mit Sicherheit hervor, dass das elektrische Leitungsvermögen glühender Gase mit der Grösse der brechenden Kraft zu wachsen scheint, da es in stärkerem Grade als die Brechungsexponenten zunimmt. Luft, Sauerstoff und Stickstoff, welche sehr nahe gleiche brechende Kraft besitzen, zeigen nämlich fast dasselbe Leitungsvermögen für Elektricität, während die Gase mit bedeutend grösserer brechender Kraft, wie Chlorwasserstoff, Jodwasserstoff, Jod und Brom, auch ein entsprechend besseres Leitungsvermögen für Elektricität besitzen. (cf. *Wiedemann's* Ann., N. F. 42, 1891, S. 731).

Dies ergiebt sich übrigens auch aus den Beobachtungen, welche *K. Natterer* in Wiedemann's Annalen N. F. 38, 1889, S. 669, über die Funkenlänge des Inductionsstromes in verschiedenen Gasen veröffentlicht hat. Da nämlich sowohl aus theoretischen Gründen als auch auf Grund angestellter Beobachtungen die Länge des überspringenden Funkens um so grösser ist, je schlechter das zu durchsetzende Gas leitet, so müssen die reciproken Werthe der von *Natterer* aufgefundenen Funkenlängen das relative Leitungsvermögen der Gase angeben und darum, wenn man diesen Werth beim Wasserstoff gleich der brechenden Kraft 0,000275 setzt und darnach die übrigen Werthe umrechnet, gleich den brechenden Kräften der Gase sein. In der That ist dies mit so grosser Annäherung der Fall, als bei der Grössendifferenz der einzelnen Beobachtungen überhaupt möglich ist, wie die in der letzten Kolumne der vorstehenden Tabelle befindlichen Zahlenwerthe beweisen. Die von mir angegebenen Zahlenwerthe sind die Mittelwerthe der Natterschen Beobachtungen.

Zum Schluss dieses Abschnittes möchte ich noch in einer Tabelle die Resultate zusammenstellen, welche die von mir aufgestellte Wellentheorie der Elektricität für das Leitungsvermögen und die Brechungsexponenten der glühenden Gase einiger Metalle liefert.

Namen der Metallgase	Brechungs-exponenten der flüssigen Metalle n_f	Brechungs-exponenten der Metallgase n_g	Theoretisches Leitungsvermögen aus der brechenden Kraft $n_g^2 - 1$
Quecksilber .	2,4	1,0015	0,003
Kadmium. . .	3,4	1,001	0,002
Zink	3,7	1,0013	0,00275
Antimon . . .	2,6	1,003	0,0065
Zinn.	2,6	1,003	0,00625

Zur Erklärung diene noch die Bemerkung, dass die brechende Kraft $n_g^2 - 1$ mittelst der Formel $\frac{(n_f^2 - 1) \cdot d}{s. \, 800}$, worin d die Dampfdichte des Metalles, bezogen auf Luft als Einheit, und s das specifische Gewicht des flüssigen Metalles in Bezug auf Wasser als Einheit, n_f der Brechungsexponent des flüssigen Metalles nach *Landolt* und $^1/_{800}$ das specifische Gewicht der atmosphärischen Luft in Bezug auf Wasser als Einheit bedeutet, entsprechend den *Fresnel*schen Gesetzen über die Wellentheorie des Lichtes berechnet worden ist. Streng genommen müsste man die Aenderung des Brechungsexponenten nicht auf die Dichtigkeitsänderung, sondern auf die Zwischenvolumenänderung beziehen.

Die Zahlen können demgemäss nur annäherungsweise richtig sein und den Anspruch auf absolute Richtigkeit nicht erheben. Um jedoch den Grad der Annäherung zu kennzeichnen, den die theoretischen Werthe und die beobachteten zeigen, und um gleichzeitig zu beweisen, dass die obige Berechnungsweise ebenso auch für chemische Verbindungen gilt, und auch umgekehrt aus den bekannten Brechungsexponenten der gasförmigen Radicale den Brechungsexponenten der flüssigen Verbindung zu bestimmen gestattet, berechne ich aus dem Brechungsexponenten des Sauerstoffs $n_0 = 1{,}000272$ und des Wasserstoffs $n_h = 1{,}000136$ den des Wassers mittelst der entsprechend umgeschriebenen Formel

$$n^2 - 1 = 800\ [(n_0^2 - 1)\ .\ 1 + 2\ .\ (n_h^2 - 1)]$$

$$n^2 - 1 = 800\ [0{,}000543 + 0{,}000552]$$

$$n^2 - 1 = 0{,}876;$$

also $n^2 = 1{,}876,\ n = 1{,}37.$

Nach den genauesten Messungen ist der Brechungsexponent des Wassers gleich 1,3309, also die Uebereinstimmung zwischen der Theorie und der Beobachtung die grösstmögliche, zumal wenn man bedenkt, dass nach der Theorie nicht die Dichtigkeitsänderungen, sondern in Wahrheit die dazu in gesetzlicher Beziehung stehenden Zwischenvolumenänderungen die brechende Kraft verändern. Indessen möchte ich hierauf an dieser Stelle nicht näher eingehen. Uebrigens ist in der benutzten Formel das Verhältniss des specifischen Gewichtes des gasförmigen Sauerstoffs, bezogen auf Luft als Einheit, und desjenigen des flüssigen Sauerstoffs in Bezug auf Wasser als Einheit gleich 1 und diesselbige Verhältniss für Wasserstoff gleich 2 angenommen, während dies Verhältniss beim Sauerstoff in Wahrheit etwas kleiner ist. Bei der genauen Berücksichtigung dieser Zahlenverhältnisse würde die Abweichung zwischen dem beobachteten und berechneten Brechungsexponenten des Wassers noch etwas geringer geworden sein.

Ein Rückblick auf die Resultate dieses Kapitels lehrt, dass die mittelst der Absorptionstheorie *Sellmeier*'s versuchte Erklärung des Leitungsvermögens der Aetherwellen durch die auf experimentellem Wege gefundenen Zahlenwerthe bestätigt und gesichert wird; „denn“, sagt *Robert Mayer*, „Zahlen beweisen.“

Schlusswort.

Die vorstehend behandelten allgemeinen Gesetze der Aetherschwingungen bilden die Grundlage für die einheitliche Erklärung aller Naturerscheinungen nach rein mechanischen Principien, wie bereits im ersten Kapitel hervorgehoben worden ist. Die Behandlung der diesbezüglichen Fragen und Vorgänge soll jedoch erst, wenn der vorliegende I. Theil meines Buches bekannt geworden ist und in weiteren Kreisen für diese Fragen regeres Interesse und richtiges Verständniss erweckt hat, in einem zweiten besonders erscheinenden ausführlich Theile behandelt werden. Die einzelnen Kapitel dieses Bandes behandeln, um bereits hier darauf hinzuweisen, der Reihe nach die Erzeugung der Elektricität, die mechanische Erklärung der Gravitation, der Molekularanziehung und der chemischen Verwandtschaft mittelst der *Huyghens*'schen Vibrationstheorie, während das Schlusskapitel eine möglichst vollständige Literaturangabe über die Arbeiten früherer Forscher auf diesem Gebiete und besonders eine unparteiische Besprechung und Würdigung der Arbeiten von *Hertz, Möller* und *Schwartze* enthalten wird.

Albert Friedländer's Druckerei, Berlin SW., Jerusalemerstr. 66.

FSC
www.fsc.org
MIX
Papier | Fördert gute Waldnutzung
FSC® C083411

Zeitfracht Medien GmbH
Ferdinand-Jühlke-Straße 7
99095 Erfurt, Deutschland
produktsicherheit@kolibri360.de